아이
공부,

**공부
정서**
부터
키워라

아이의 숨겨진 가능성을 일깨워 주는 멘털 관리법과 공부 처방전

아이 공부, 공부 정서부터 키워라

카롤린 폰 장크트앙게
지음

이지윤 옮김

알레

"스스로 성장하는 법을
배울 수 있도록 돕는 든든한 길잡이."

_신종호(서울대학교 교육학과 교수)

"우리 아이는 왜 공부에 흥미를 잃어갈까요?""어떻게 하면 아이가 스스로 공부하게 할 수 있을까요?" 많은 부모님이 이런 고민을 안고 계실 것입니다.《아이 공부, 공부 정서부터 키워라》는 이러한 질문에 단순한 처방이 아닌, 심리학적 통찰과 실천적 해법을 함께 제시합니다. 저자는 20년간의 교육심리 연구와 현장 경험을 바탕으로, 이 책에서 아이들이 어떻게 배우고 성장하는지 그리고 어떻게 하면 그들이 학습의 진정한 즐거움을 발견할 수 있는지 과학적으로 설명합니다.

책은 학습의 근본이 되는 '마인드셋'에서 시작합니다. 스탠포드 대학교 캐럴 드웨크 교수의 연구를 토대로, 실패를 두려워하지 않고 도전을 즐기는 성장 마인드셋이야말로 학습 성공의 핵심임을 설득력 있게 보여줍니다. 특히 고정 마인드셋에서 벗어나 성장 마인드셋을 키우는 구체적인 대화법과 상호작용 방식은 즉시 활용할 수 있는 실용적인 조언들입니다.

개인별 학습 유형에 대한 저자의 분석도 탁월합니다. VARK 모델을 통해 시각, 청각, 읽기, 운동감각 유형별 특징을 상세히 설명하고, 각 유형에 최적화된 학습 전략을 제시합니다. 시각적 학습자를 위한 마인드맵 활용법, 운동감각 학습자를 위한 체험 학습 방법 등 아이의 특성에 맞는 맞춤형 학습 방법을 찾을 수 있도록 안내합니다.

학습 동기 부여에 대한 접근법은 더욱 주목할 만합니다. 외부적 보상이나 압박이 아닌, 아이의 호기심과 성취감을 자극하는 방식으로 내적 동기를 키우는 방법을 제시합니다. PPP(개인personal, 현재present, 긍정positive) 원칙과 SMART(상세한specific, 측정 가능한measurable, 매력적인attractive, 현실적인realistic, 시간 제한적인time-bound) 목표 설정법을 통해 아이 스스로 도전하고 싶은 목표를 설정하도록 돕는 전략은 매우 실용적입니다.

시간 관리와 집중력 향상을 위한 제안들도 구체적입니다. 과제를 작은 단위로 쪼개어 관리하는 방법, 효과적인 집중 시간 설정법, 최적의 학습 환경 조성 방법 등은 바로 오늘부터 적용할 수 있는 실질적인 도구가 될 것입니다.

특히 인상적인 것은 숙제와 시험에 대한 새로운 시각입니다. 숙제를 효과적인 학습 도구로 활용하는 방법, 시험불안을 극복하는 심리적 테크닉, 실수를 통해 배우는 태도를 기르는 방법 등을 체계적으로 설명합니다. 제10장 '오답은 기회다'에서는 실수를 두려워하지 않고 이를 더 깊은 이해의 발판으로 삼는 구체적인 방법을 제시합니다.

《아이 공부, 공부 정서부터 키워라》는 단순한 학습법 안내서가 아닙니다. 이 책은 우리 아이들이 공부를 통해 자신의 잠재력을 발견하고, 배움의 즐거움을 누리며, 스스로 성장하는 법을 배울 수 있도록 돕는 든든한 길잡이가 될 것입니다. 아이들의 진정한 성장을 고민하는 모든 부모님과 교육자들에게 이 책을 진심으로 추천합니다.

2025년 2월

학습 부진에 공부 정서만큼 중요한 것은 없다

············

나는 스스로를 '학습 코치'로 소개한다. 이 단어가 낯설게 느껴질 여러분은 다음처럼 생각할지도 모른다. '맙소사, 요즘엔 별게 다 직업이네. 나 때는 말이야, 가라고 하면 학교에 갔고 하라고 하면 숙제를 했어. 그래도 잘만 했다고. 그런데 요새 애들은 공부하는 데도 코치가 필요하단 말이지? 쯧쯧쯧.'

하지만 이렇게 호언장담하던 사람들도 부진의 늪에 빠진 '예민하고 고집 센' 아이들을 직접 만나보면 생각이 달라지기 마련이다. 이런 아이들은 학교에 가란다고 가고 숙제를 하란다고 하기는커녕 화를 내고, 거짓말을 하고, 소리를 지르고, 욕을 하고, 연필을 던지면서 학교의 학만 나와도 몸서리치는 친구들이다. 정규 수업도 따라가지 못한다. 수업 중에는 지루해 죽겠다는 표정으로 멀뚱히 앉아 있거나 끊임없이 진행을 방해하고, 하물며 특정 내용을 배워야 한다는 사실 자체를 받아들이려 하지 않는다. 숙제는 계속 미루거나 혹은 겨우 낙제를 면할 정도로만 한다. 이런 부진의 늪에 빠진 아이들에겐 기존의 학습 방식이 통하지 않는다. 변화가 필요하다.

실제로 이런 아이들이 얼마나 많은지 알게 되면 학습 코치란 말에 더 이상 혀를 찰 수만은 없을 것이다. 학습 부진에 빠진 아이들은 일반적인 아이들과 다르게 다루어야 한다. 학습 코치의 역할이 바로 '다르게'에 있다. 코칭은 아이들에게 굉장히 유익하다. 단기간에 얼마나 많은 부분이 개선되는지를 확인한 교사와 학부모는 놀라움을 금치 못한다. 무엇보다 그 과정이 눈물과 인고의 시간이 아니라 즐거움과 재미로 가득 찼다는 점에 놀란다. 나는 부모와 교사 그리고 당연히 아이들에게 이 점을 약속한다.

오늘날 우리 아이들은 새로운 세대로서 자기 선택권을 인정받으며 자랐다. "오늘 노란색 스웨터 입을래, 빨간색 스웨터 입을래?" 아이들은 자기 몸의 주인은 자기 자신이라고 배우며 자랐다. "원하지 않으면 삼촌에게 뽀뽀하지 않아도 돼." "배부르면 더 먹지 않아도 돼." 또 아이들은 저녁 식사 자리에서 어른들의 대화에 끼어드는 것을 허락받았다. 시간이 지날수록 아이를 키우는 모든 과정에서 폭력과 권위주의적 스타일, 엄격한 규율은 줄어드는 추세다. 동시에 모든 가족 구성원의 필요성을 골고루 고려하는 민주적인 가족 문화가 점점 자리 잡고 있다. 나는 이러한 변화를 지지하며 그것이 옳다고 믿는다. 아이들을 존중하고, 나이에 맞는 선택권을 주고, 한계를 인정하는 육

아이 공부, 공부 정서부터 키워라

아는 환영받아 마땅하다. 그 결과로 작지만 주체적인 인격체가 탄생했다.

그런데 이 인격체가 만 일곱 살이 되어 입학하는 학교는 수십 년 전과 별반 다르지 않다. "여기에 교과서가 있어. 내가 담임 선생님이야. 너는 지금부터 이것, 저것, 그것을 해야 하고 배워야 해. 3주 후엔 시험을 볼 거야. 그때까지 다 배우지 못하면 너는 6등급(독일 초등학교에서는 성적을 1~6등급으로 나누며 6등급이 최하위 등급이다.–옮긴이)을 받겠지. 오후에 집에 가서 67쪽 3번과 4번 문제를 풀어 와. 글씨는 또박또박, 줄이 그어진 공책에 쓰도록!"

우리 어른들은 이처럼 권위주의적인 수업 방식을 당연하게 받아들인다. 권위적인 학교 문화 말고는 경험해본 것이 없으므로 학교는 오로지 이런 식으로만 굴러갈 수 있다고 생각한다. 달리 어떻게 가르치겠는가? 달리 어떻게 성과를 측정하겠는가? 물론 이 시스템을 곧잘 따라가는 아이들도 많다. 하지만 예민하고 고집 센 아이들에게는 통하지 않는다. 이 친구들은 주체적이다. 의지가 강하고, 당연하다고 여기는 것에 질문을 던지고, 스스로 선택하는 데 익숙하며, 어떤 지시가 내려지면 일단은 그 근거를 되묻는다. 시킨다고 해서 공부하지 않는다. 왜 배워야 하는지 수긍이 되어야만 연필을 든다. 이 아이들은 의미를 추구한다. 이는 어른들의 세계에서 '목적'이라 부르는 것에 해당한다. 진정한 동기 부여를 원하는 것이다. 그래서 5학년 과학 시간에 달팽이의 기관이 주제로 등장하면 당당하게 손을 들고 묻는다. "왜요? 이게 저랑 무슨 상관인데요?"

이런 아이들에게는 다르게 다가가야 한다. 나는 매일 100통에 가까운 메시지를 받는데 그중 40통가량이 이런 내용이다. "선생님, 저 좀 도와주세요. 더는 어떻게 해야 할지 모르겠어요. 제 아들(혹은 딸)은 아예 읽기를 (쓰기나 연산을) 배우려 들지 않아요. 할 수 있는 모든 수를 다 써봤어요. 하지만 결국엔 싸움만 커질 뿐이고 아이는 여전히 울면서 학교에 갑니다. 우리 가정의 평화는 숙제 때문에 산산조각이 났어요. 저에게는 더 이상 할 수 있는 게 없어 보여요."

안타깝지만 이런 부모들의 하소연은 대부분 실제 상황과 일치한다. 딱 한 가지만 빼고. 모든 수를 다 써본 것은 결코 **아니다**. 부모들에게는 아직 시도해볼 만한, 그로 인해 놀라운 변화를 기대할 수 있는 방법이 아직 많이 남아 있다. 나는 사회적 취약 계층이 집단 거주하는 지역의 학교에서 학습 코치로 일하는 동안 그런 변화를 끊임없이 경험하였으며, 이 책에서 그 모든 긍정적인 변화를 이야기해볼 생각이다.

예민하고 고집 센 아이들뿐만 아니라 '수월하게' 공부를 잘하는 아이들도 이 접근법에서 분명 유익함을 얻을 수 있다. 이런 친구들은 협력하길 좋아하며 이미 완전히 파악한 내용일지라도 활동지 세 장이 추가로 나오면 기꺼이 책상 앞에 앉는 아이들이다. 이처럼 '미션 완수 스위치가 켜진 상태'의 아이들에게도 배움에서 고취된 의욕과 더 큰 기쁨, 더 많은 성취를 거둘 수 있는 여지는 충분하다. 새로운 접근법을 통해 아이들은 자신이 왜 공부해야 하고, 지금 하는 공부가 자신과 무슨 상관이 있는지 등, 즉 공부를 향한 긍정적인 공부 정서를 배워나가게 될 것이다. 그리고 자기 자신과 세상을 향한 전혀 다른 안목을

아이 공부, 공부 정서부터 키워라

가지고 학교를 졸업하게 될 것이다.

우리 아이들은 21세기에 맞이할 새로운 도전에 대비해야 한다. 우리로서는 그들이 성인이 되었을 때의 직업 세계가 어떤 모습일지 단언하기 어렵다. 그러므로 우리가 현재 할 수 있는 최선의 일은 아이들을 창의적이고, 비판적으로 사고하고, 원활하게 소통하고, 주도적으로 학습하는 존재로 키워 미지의 도전 앞에서 뒷걸음치지 않는 사람으로 키워내는 것이다.

나는 이 새로운 방식의 공부가 누구에게나 통한다는 사실을 이 책을 통해 보여주고 싶다.

차례

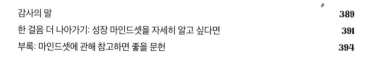

제1장

아이의
성장 마인드셋부터
키우자

나는
그거 못해

숙제를 하기 위해 책상 앞에 앉은 아이들이 심심찮게 하는 말이다. 나는 곧장 이렇게 받아친다. "아직 못 하는 거지!" 우리가 주고받은 이 짧은 대화 안에는 두 가지 다른 태도가 들어 있다. 그리고 그 작은 차이가 바로 학습의 성공을 가름한다.

태도 혹은 자아상, 영어로 마인드셋Mindset은 나 자신과 사물 그리고 인생과 학습에 관한 사람의 기본 입장을 말한다. 스탠퍼드대학교 심리학자 캐럴 드웨크Carol Dweck 교수는 자기 수준보다 다소 어려운 과제를 받은 학생들이 보이는 태도를 관찰한 결과, 새로운 것을 배우거나 도전적인 과제에 맞닥뜨렸을 때 사람들에게서 두 가지 다른 마인드셋이 나타난다는 사실을 발견했다.

그가 과제가 어떻게 되어가는지를 물었을 때 아이들의 대답은 크게 두 가지로 갈렸다. 몇몇은 "어려워요. 그래서 재미있어요" 혹은 "어렵지만 새로운 것을 배울 수 있어요"라고 대답했다. 하지만 "너무 어려워요. 그래서 못 하겠어요"라든가 "저는 이런 건 잘 못해요"라고 말하는 아이들도 있었다.

캐럴 드웨크는 도전에 관한 학생들의 상반된 태도에 매력을 느꼈고 자신의 연구 인생 전부를 이 현상의 의미를 해석하는 데 바쳤다. 마인드셋 개념은 그의 30년 넘는 연구의 결과물이었다. 나는 그의 연구를 이해하는 것이 학교에 가고 공부를 하는 모든 아이에게 큰 도움이 되리라 믿었다. 내가 아이들을 가르치는 일과 이 책 또한 그의 연구와 상당히 밀접한 연관이 있다.

일단은 마인드셋이 무엇인지부터 알아보도록 하자.

아이 공부, 공부 정서부터 키워라

고정
마인드셋

캐럴 드웨크는 역동적으로 성장하는 태도인 **성장 마인드셋**과 정적으로 고정된 태도인 **고정 마인드셋**을 구분한다. 마인드셋이라는 영어 단어에 완벽히 상응하는 독일어 단어를 찾을 수 없으므로 나를 비롯한 많은 동료가 영어 단어를 그대로 사용하는 쪽을 택하고 있다. 마인드셋 개념의 핵심은 성장 마인드셋을 가졌느냐 고정 마인드셋을 가졌느냐에 따라 도전과 실패를 향한 사람들의 반응이 서로 다르다는 것이다.

가령 고정 마인드셋을 지닌 사람은 "나는 이런 걸 잘 못해"라는 말을 자주 한다. 그리고 평생 그렇다고 확신하며 산다. 그들은 자기 능력은 분명하며, 고정되어 있고, 변하지 않는다고 생각한다. 여기까지 설명을 듣고 나면 여러분 머릿속에 떠오르는 얼굴이 하나쯤은 있을 것이다. 어쩌면 그 얼굴의 주인공이 여러분일지도.

학교에서 수학 시험이 끝나면 낙담한 표정으로, 심지어는 울먹이기까지 하며 "나 다 망쳤어!"라고 말하는 아이가 꼭 있다. 그 아이는 며칠 후 성적표에 찍힌 1등급을 확인하고 나서야 겨우 마음을 놓는다. 자신과 성과를 현실적으로 평가하는 능력이 부족하고 실패를 과도하게 두려워하는 것이 고정 마인드셋의 특징이다.

무엇보다 고정 마인드셋을 지닌 사람들은 비교를 잘한다. 그들은 어떤 공간에 발을 들이는 순간부터 줄 세우기를 시작한다. '이 방에서 제일 똑똑한 사람은 나'라는 확신이 들어야만 안도의 한숨을 내쉰다. 하지만 그 평화는 절대 오래가지 않는다. 누군가가 나타나서 자기 자신이 사실은 아무것도 아닌 사람이라는 사실을 폭로할지도 모른다는 두려움에 시달리기 때문이다. 또한 자기가 뛰어나다고 생각하는 분야에 더 뛰어난 누군가가 나타나진 않을까 하는 걱정 탓에 항상 전전긍긍한다.

아이 공부, 공부 정서부터 키워라

성장
마인드셋

반면에 성장 마인드셋을 지닌 사람들은 "나는 새로운 것을 배우는 게 좋아"라는 말을 자주 한다. 그들은 누군가가 "너는 그거 못할 걸!"이라고 말할 때 의욕이 불타오른다. 50대인 나의 오빠가 바로 그런 사람이다. 네 명의 장성한 자녀를 둔 중년 남성인 그는 "이제는 호수 끝에서 끝까지 수영하는 것은 무리겠네요"라는 소리를 들으면 그 즉시 옷을 벗고 호수에 뛰어들어 그 말이 틀렸다는 사실이 증명될 때까지 헤엄친다.

이 태도는 공부에도 적용된다. 성장 마인드셋을 지닌 사람은 나쁜 점수를 받거나 어려운 과제와 맞닥뜨리면 더 많이 노력하는 것으로 반응한다. 그들은 실패를 순순히 받아들이지 않고 성공할 때까지 계속 노력한다. 즉, 긍정적인 공부 정서를 가지고 있다.

무엇보다 그들은 자기 능력을 정확하게 평가한다는 점에서 고정 마인드셋을 지닌 사람들과 다르다. 예컨대 시험을 치고 나면 그들은 자기가 받을 성적을 제법 정확하게 예측한다. 또한 성장 마인드셋을 지닌 사람들은 남이 아닌 자신의 과거와 비교한다. 그들은 자기 성과에 자부심이 높고 좀처럼 포기하는 법이 없다.

아래의 그림들은 고정 마인드셋과 성장 마인드셋을 설명하고 있

고정 마인드셋

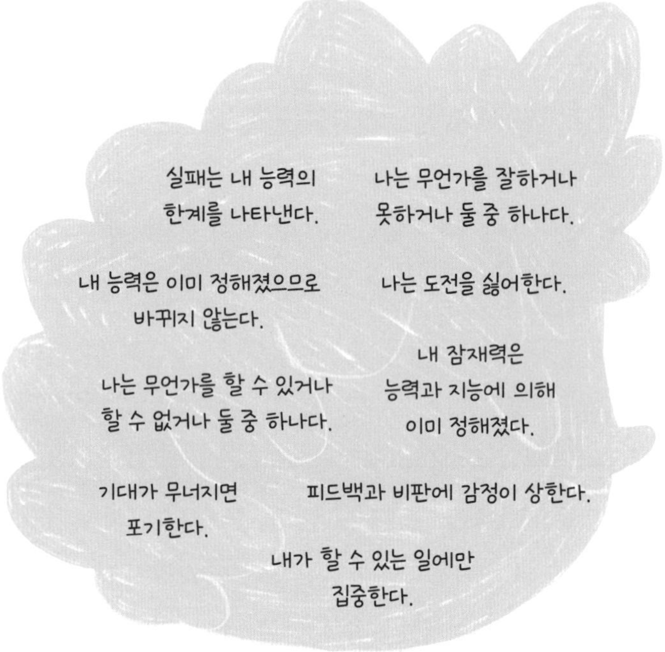

실패는 내 능력의 한계를 나타낸다.

나는 무언가를 잘하거나 못하거나 둘 중 하나다.

내 능력은 이미 정해졌으므로 바뀌지 않는다.

나는 도전을 싫어한다.

나는 무언가를 할 수 있거나 할 수 없거나 둘 중 하나다.

내 잠재력은 능력과 지능에 의해 이미 정해졌다.

기대가 무너지면 포기한다.

피드백과 비판에 감정이 상한다.

내가 할 수 있는 일에만 집중한다.

아이 공부, 공부 정서부터 키워라

다. 단 그림을 통해 마인드셋을 이해할 때 한 가지 유념해야 할 것은 두 개의 뇌 속에 들어 있는 명제들은 스펙트럼의 양극단에 해당한다는 것이다. 현실에서 성장 혹은 고정 마인드셋 중 하나만을 지닌 사람은 드물다. 우리 대부분은 그 중간 어디쯤에 있다. 또한 우리의 마인드셋은 우리가 활동하는 분야, 함께하는 사람들 그리고 처한 상황에 따라서도 달라질 수 있다.

성장 마인드셋

실패는
성장할 기회이다.

도전은 내가 더
잘되도록 도와준다.

배우면
할 수 있다.

다른 사람의 성공에서
영감을 얻는다.

내 노력과 태도가
내 성공을 결정한다.

피드백은 나를 더
성장하게 하므로
감사히 받아들인다.

새로운 일을 시도하는
것을 좋아한다.

고정 마인드셋과 성장 마인드셋
출처: 캐럴 드웨크

캐럴 드웨크의 획기적인 발견을 요약하자면 다음과 같다. 성장 마인드셋을 지닌 아이들은 고정 마인드셋을 지닌 아이들보다 학교에서 더 많은 성과를 거두고, 졸업 후 삶도 훨씬 성공적이다. 어느 시점이 되면 아이들의 태도가 그들의 **성공을 결정짓게 된다.** 분명한 것은 아이의 마인드셋은 반드시 **바꿀 수 있다.**

그렇다. 부모 혹은 교사가 우리 아이들의 마인드셋을 바꿀 수 있다! 굉장하고도 놀라운 소식이지 않은가? 나는 왜 이런 이야기가 저녁 뉴스에 나오지 않는지 의아할 지경이다. 나는 이보다 위대한 발견은 없다고 생각한다.

아이 공부, 공부 정서부터 키워라

마인드셋
바꾸기

마인드셋을 바꿀 수 있는 선택지는 다양하며 하나씩 짚어볼 예정이다. 다만 이미 오랜 세월 굳어진 어른의 마인드셋은 바꾸기가 어렵다. 하지만 불가능하지는 않다. 그래서 나는 부모와 교사들에게도 함께 마인드셋을 개선할 것을 권하는 편이다. 여러분의 짐작대로 부모와 교사가 어떤 마인드셋으로 지녔고 어떤 본보기를 보이는지가 한 아이의 성장 마인드셋을 강화하는 데 결정적인 요소로 작용하기 때문이다.

하지만 부모의 마인드셋이 전부는 아니다. 캐럴 드웨크는 자녀가 부모의 마인드셋을 저절로 물려받는 것은 아니라고 말한다.

좀 더 구체적으로 생각해보자. 아이가 아주 어릴 때 우리는 항상 성장 마인드셋을 갖춘 채로 그들을 대했다. 아이가 걸음마를 뗄 때 우리가 얼마나 열렬한 환호를 보냈는지 떠올려보자. 아이가 넘어져도 우리는 박수 치며 다시 시작할 수 있도록 응원을 보낸다. 그렇게 넘어지면서 걷는 법을 배운 아이가 아장아장 걷게 되었을 때, "너는 머리가 좋아서 금세 걷는 걸 배웠어. 걸음마에 소질이 있는 것 같아"라고 말하는 부모는 없다. 우리는 그저 아이가 언젠가는 걸을 것이라는 가정하에서 실패해도 낙심하지 않고 계속 시도할 수 있도록 용기를 북돋을 뿐이다.

하지만 어느 시점부터, 대부분은 아이가 학교에 들어가면서부터 아이를 대하는 우리의 태도에서 이런 마인드셋은 자취를 감춘다. 아이가 개발새발 쓴 글씨를 보고 있노라면 우리 마음에 걱정이 엄습한다. 어디가 좀 모자란 거 아닐까? 벌써 세 번이나 설명했는데 왜 못 알아듣는 거야? 어떻게 또 틀릴 수가 있지? 아이가 걸음마나 이유식을 시작할 때는 한 번도 하지 않은 의심이 머리를 가득 채운다.

하지만 우리 부모는 학령기 아이들 앞에서도 실패는 나쁜 것이 아니고 기다리면 결국은 성공할 것이라는 태도를 유지해야 한다.

성장 마인드셋은 마법의 알약도 아니고 단지 하나의 태도일 뿐이지만 중요하다. 왜냐하면 여러분과 여러분의 아이들에게 도움이 되기 때문이다. 성장 마인드셋은 다음과 같이 정리할 수 있겠다.

첫째, 새로운 무언가를 시작하고 도전에 응하는 데 도움이 된다. 성장 마인드셋을 지녔다는 것은 뇌 후두부에 '내가 하고자 하면 배울 수 있다'는 태도가 기본으로 장착되었다는 뜻이다.

둘째, 포기하지 않도록 도와준다. 성장 마인드셋을 지닌 아이는 실수하거나 실패하거나 골칫거리로 머리가 아프거나 원하는 대로 일

고정 마인드셋 - 정적 자아상	성장 마인드셋 - 역동적 자아상
능력과 지능은 근본적으로 정해진 것이며 거의 혹은 아예 변할 수 없다.	능력과 지능은 근본적으로 개선될 수 있으며 변할 수 있다.
성공이란 좋은 성적을 받거나 최고가 되는 것이다. 결과가 중요하다.	성공이란 무언가를 더 잘 이해하기 위해 배우는 것을 뜻한다.
실패는 능력 부족의 결과다. 그래서 실패하면 의욕이 꺾인다.	실패를 성장 가능성으로 간주한다. 실패는 성장의 밑바탕이다. 그러므로 실패하면 오히려 의욕이 생긴다.

이 풀리지 않을 때 자신의 머릿속 시냅스가 어떻게 발달하고 성장할지 그려보기 때문이다.

셋째, 행동하고 실천하는 데 도움이 된다. 성장 마인드셋을 지녔다고 해서 저절로 공부를 잘하는 것은 아니다. 그보다 성장 마인드셋은 공부하는 데 필요한 동기를 부여함으로써 실제로 공부를 실행하는 데 도움을 주고 긍정적인 공부 정서를 심어준다.

성장 마인드셋은 시작을 돕는다. 그리고 일단 한번 시작한 것을 유지하도록 돕는다. 그러므로 우리는 성장 마인드셋이 고정 마인드셋보다 나으며, 마인드셋이 바뀌면 학업에서의 성취가 눈에 띄게 나아질 수 있으며, 이러한 변화는 학생의 지능이나 교사의 능력과는 무관하게 가능하다는 사실을 깨닫게 되었다. 이 깨달음은 굉장히 유용하다. 미국에서는 이미 많은 사람이 이 사실을 이해하고 많은 학교가 학생들의 성장 마인드셋을 강화하는 데 집중하고 있다. 그리고 그런 노력을 기울인 학교나 학급은 그렇지 않은 곳에 비해 학업 성취도가 크고 빠르게 향상된 사실이 증명되었다.

성장 마인드셋만 놓고 따지자면 독일은 미국에 비해 족히 10년은 뒤처진 것 같다. 팔로워가 38만 명이 넘는 나의 인스타그램을 통해 설문 조사를 진행한 적이 있는데, 교사 응답자 중 80퍼센트 이상이 성장 마인드셋을 한 번도 들어본 적이 없다고 답했다. 교사들이 모르니 당연히 학생들의 마인드셋을 챙길 수도 없다. 그러나 마인드셋은 로켓 공학처럼 복잡한 이론이 아니다. 오히려 아주 간단하다. 수업 중에 성장 마인드셋을 촉진할 수 있는 간단한 방법도 많다. 예를 들어보면 다음과 같다.

- 난이도를 천천히, 하지만 점차 높여서 지속적인 성과 향상을 독려한다.
- 에둘러 설명하고 힌트와 시간을 충분히 허락해서 학생이 정답을 말하도록 한다.
- 노력과 성실의 결과에 반응한다. (예시: "고민 많이 했구나." "자세히 관찰했네!")
- 실제로 노력한 것에만 칭찬한다(노력 없이 이뤄낸 일에는 칭찬하지 않는다).
- 노력 부족에 반응하되 절대 소질이나 재능은 언급하지 않는다. (예시: "너는 수학은 영 아니다"라고 말하는 대신 "좀 더 노력하면 더 잘할 수 있으리라 믿는다"라고 말한다.)
- 노력이 부족할 때는 야단치는 대신 사실 관계를 들어서 중립적인 피드백을 준다.
- 아이에게 스스로 정답을 찾을 수 있다고 끊임없이 말한다.
- 결과 중심이 아닌 과정 중심에 근거해 칭찬한다(점수가 아니라 공부 과정에 반응한다).

- 진행 방향을 계속 보여준다. (예시: "지금 우리는 이만큼 왔고 저쪽으로 갈 거야.")

- "할 수 없다" 대신 "**아직은** 할 수 없다"라고 말한다.

- "다 아네" 대신 "그건 **이미** 다 아니까 이번엔 이걸 **더** 해보자"라고 말한다.

- '뇌는 근육이다!'라는 사실을 비유를 통해 강조한다. (45쪽 설명 참조)

이러한 접근법은 단지 교사가 수업할 때뿐만 아니라 부모가 자녀를 지도하는 방향을 잡을 때도 도움이 된다. 가령 숙제나 시험공부를 시킬 때 유용하게 활용할 수 있다. 물론 교사가 이 개념에 중점을 두고 학생들을 지도한다면 그보다 바람직한 일도 없을 것이다. 하지만 학교 전체가 이 개념을 받아들이기 전까지는 부모가 아이들의 성장 마인드셋을 촉진하고 강화하는 결정적인 역할을 담당해야 한다.

'아직'이라는 단어의 힘을 활용하자. 예를 들어 아이가 "엄마, 나 이거 아예 못해!"라고 말할 때 부모가 "**아직은** 못할 수도 있지"라고 대답한다면 전혀 다른 결과를 얻을 수 있다. 매일 조금씩 아이가 성장 마인드셋에 가까워질 수 있도록 독려하자.

성장 마인드셋을 가진 아이는 "이건 절대 실수하면 안 돼"라고 생각하지 않는다. 그보다는 "나는 어떻게든 이걸 해낼 거야!"라고 생각한다. "나는 아예 못해!"라고 생각하는 대신 "진짜 노력한다면 할 수 있어"라고 마음먹는다.

성장 마인드셋은 여러분이 아이에게 줄 수 있는 최고의 선물이다. 안타깝게도 (아직) 학교는 '당장 잘하는 것'을 토대로 아이들의 성공을 판별하고 칭찬한다. 열심히 노력한 끝에 결과를 이뤄낸 아이들은 오히려 처음부터 잘한 아이들보다 칭찬을 덜 받는다. 실수하면 불이익이나 나쁜 점수를 받기 때문에 아이들은 당연히 실패를 두려워할 수밖에 없다. 성장 마인드셋을 파괴하는 것이 학교의 목표인가 싶은 의심이 들 정도다.

만약 아이가 학교에서 나쁜 점수를 받고 울거나 낙심하고 있다면 다음에서 소개할 연습을 통해 도움을 줄 수 있다.

아이 공부, 공부 정서부터 키워라

공부 성과
눈으로 확인하기

○

성장 마인드셋을 키우는 효과적인 방법 중 하나는 바로 공부 성과를 눈으로 보여주는 것이다. 아이가 잘 이해할 수 있는 시각적 방법을 예로 들어 설명해보겠다.

두루마리 휴지 한 롤과 볼펜을 준비한다. 아이와 함께 혹은 온 가족이 함께 앉아 휴지 한 칸마다 처음에는 어려웠으나 결국은 배워서 해낸 일을 하나씩 적는다. 걸음마, 자전거 타기, 젓가락질, 운동화 끈 묶기, 숫자 세기, 글씨 쓰기, 혼자서 책 읽기, 나무에 올라가기, 그네 타기 등. 목표는 휴지 한 롤을 다 쓰는 것이다(목표를 빨리 달성하기 위해 휴지 한 칸에 한 글자씩 큼직하게 써도 된다). 물론 적은 양은 아니다. 하지만 이 연습은 많이 할수록 큰 도움이 된다.

다 쓰고 난 휴지는 다시 감아서 잘 보이는 곳에 걸어둔다. 이 기넘물을 볼 때마다 아이는 이렇게 생각할 것이다. '내가 저렇게 많은 것을 이미 배웠네. 그 하나하나가 어려웠고, 배우는 과정에선 실수도 많았지. 그중에 단번에 된 것은 거의 없었어. 그러니 지금 내 앞에 놓인 도전도 결국은 해내고 말 거야. 몇 번 넘어져도 다시 일어설 거야.'

더 예쁜 재료를 원한다면 두루마리 휴지를 고집할 필요는 없다. 다만 나는 가성비를 중요하게 여기는 사람이라 어느 집에도 있을 만한 재료를 골라 소개했다. 재료는 취향에 따라 골라도 상관없다. 중요한 것은 반드시 직접 연습해보는 것이다. 지금 당장이면 제일 좋고 늦어도 오늘 중에는 시작하길 권한다.

자기를 낮게 평가하는 아이들에게 도움이 되는 또 다른 연습은 이제는 유명해진 '감사의 유리병'을 활용하는 것이다. 아직 잘 모르는 이들을 위해 설명하자면 감사의 유리병은 매일 밤 감사할 거리를 하나씩 찾아 작은 종이에 적은 다음, 통조림 병처럼 뚜껑이 있는 병 안에 집어넣는 것이다. 연말이면 그 병은 아름다운 순간을 향한 감사로 가득 차게 된다.

성장 마인드셋을 키우기 위해 이 방법을 변용하여 오늘 배운 것을 쪽지에 적어 유리병을 채워보자. 그 쪽지가 어느 정도 모이면 "나는 할 줄 아는 게 없어" 따위의 말을 믿지 않게 될 것이다.

또 다른 멋진 방법은 특정 주제를 정해서 그것을 배우는 여정을 눈으로 확인시키는 것이다. 대개 나는 밴드나 두꺼운 실을 사용하여 핀 보드에 여러 개의 곡선과 반원을 그린 다음, 이를 따라 핀을 고정하여 자동차 경주 트랙을 만든다. 그리고 배워야 할 것들을 작게 나누어 포스트잇으로 정거장을 만든다. 아이가 1학년이라면 알파벳 대문자와 소문자를 쌍으로 묶어 학교에서 배우는 순서대로 붙인다. 그리고 아이를 본떠 만든 모형에 핀을 달아 지금의 위치를 표시한다. 이런 식으로 하면 아이는 자신이 어디에서 출발해 얼마나 멀리까지 왔는지를 한눈에 알아볼 수 있다.

너무 번거롭게 느껴지는가. 그렇다면 좀 더 간단하게 잼 병 두 개를 활용해보자. 왼쪽 병에는 이제 막 싹이 트기 시작한 씨앗을, 오른쪽 병에는 무성한 나무를 그림으로 그려 병에 붙인다. 그리고 공부할 거리, 예컨대 자꾸 틀리는 어려운 단어나 구구단, 두 자릿수 덧셈 등을 쪽지에 적어 왼쪽 병을 채운다. 매주 정해진 요일에 왼쪽 병에서 쪽지를 꺼내 펼쳐보고 이제 잘하게 되었다면 오른쪽 병으로 옮긴다. 오른쪽 병이 점점 가득 차는 것을 보면서 아이는 '와, 또 무언가를 배웠다'는 사실을 실감하게 된다.

히어로
뒷조사하기

다음에 소개하는 것은 캐럴 드웨크가 대학생들을 대상으로 하는 세미나에서 꼭 하던 연습이다. 그는 먼저 학생들에게 히어로, 즉 그들이 존경하는 인물 한 명을 정해보라고 한다. 큰 성과를 이루어서 롤 모델이 될 만한 인물일수록 좋다. 그런 다음 그가 어떻게 그 자리에 올랐을지를 가정해보게 한다. 예컨대 "영국의 팝가수 아델은 유일무이한 목소리를 갖고 태어났다. 그의 목소리는 특별했고 이미 세계적인 가수가 될 운명이었다"와 같이 정리해보는 것이다. 그다음으로 그 인물의 일대기와 경력을 조사해서 각자의 가정이 옳았는지를 점검하도록 한다. 정말 아델은 특별한 목소리를 타고난 덕분에 저절로 세계 정상이 된 걸까?

　나는 주로 십 대들을 대상으로 이 연습을 한다. 학생들이 각자 한 사람씩 선택해 그 인물의 이력을 친구들에게 소개하도록 한다. 이 수업이 끝나면 우리는 다양한 사람들의 일대기를 알게 된다. 당장은 아니더라도 어려움에 직면했을 때 그런 이야기들은 힘이 된다.

부모들에게는 스타의 일생을 조망한 다큐멘터리를 아이들과 함께 보라고 권한다. 최근작 중에는 축구 선수 크리스티아누 호날두나 농구 선수 마이클 조던 다큐멘터리가 적당해 보인다. 두 사람 모두 자신의 성공은 100퍼센트 버티는 능력 덕분이라고 말한다. 하지만 당연히 성공에는 효율적인 교육 시스템을 비롯한 여타 다른 환경적 도움이 필요하다.

천부적 재능이 있는지 없는지는 중요하지 않다. 재능과 지능을 타고난 사람 중에는 아무것도 이루지 못한 사람이 허다하다. 뇌과학자 게랄트 휘터Gerald Hüther는 "모든 아이에겐 빼어난 재능이 있다"라고 말했다. 나는 이 말을 믿는다. 빼어난 재능이 무엇인지가 서로 다를 뿐이다. 그러므로 우리에게 중요한 것은 부모 혹은 교사가 아이들의 재능을 어떻게 끌어내 줄 것인가 하는 문제다. 우리 아이가 재능을 꽃피우는 데 도움이 될 태도를 어떻게 심어줄 수 있을까?

똑똑하다는 말은
칭찬이 아니다

1990년대에는 "너는 똑똑해! 너는 멋져! 너는 완벽해!"처럼 아이의 자신감을 키워주는 자기 암시가 엄청나게 유행했다.

당시에는 아이가 이런 말을 듣고 자라면 자신감이 커진다고 믿었다. 멍청하다거나 게으르다는 핀잔을 듣고 자란 세대가 그 역효과를 깨달은 결과였다. 긍정적인 발전이었고 무엇보다 부모들의 선의에서 우러난 행동이었다.

하지만 캐럴 드웨크는 마인드셋을 연구하는 과정에서 '인지능력에 관한 칭찬'에는 어두운 그늘이 있다는 사실을 알아냈다. 당시로서는 기존의 믿음을 뒤엎는 의외의 발견이었다.

그의 주장을 일목요연하게 말하자면 이러하다. 여러분이 아이에게 '똑똑하다'라고 말할 때 여러분은 그 아이를 무대 위에 올려놓게 된다. 어느 시점부터 그 아이는 무대에서 내려오지 않기 위해 그 안에서만 맴도는 데 인생을 바친다. 우리에게는 타인이 나에게 느낀 좋은 인상을 지켜내려고 하는 성향이 있다. 그 결과 각자의 세계는 점점 좁아진다. 작은 무대 위에 계속 서 있고 싶은 마음에 새로운 분야, 미지의 영역으로 들어가는 것을 꺼리기 때문이다. 결국 우리는 안전하다고 느끼는 곳, 실수를 두려워할 필요가 없는 곳에서만 시간을 보내고 싶어 한다. 하지만 진정으로 성장하고 발전하길 원한다면 실수해야만 한다. 나무가 끝없이 가지를 쪼개며 자라듯 우리도 계속 새로운 길을 걸어나가야 한다. 하지만 '똑똑하다'는 칭찬을 듣고 자란 아이는 새로운 나뭇가지를 잡고 다른 곳을 탐험해보려는 대신, 튼튼해 보이는 나뭇가지 하나만 붙들고 늘어지게 된다.

가령 이제 막 초등학교에 입학한 아이가 글을 술술 잘 읽는다고 가정해보자. 사실 그 아이는 입학 전에 글씨를 뗐으므로 평균의 아이들보다 우수한 읽기 실력을 뽐낼 수 있었다. 우리는 보통 이런 아이에게 어떤 말을 하는가? "벌써 글씨를 이렇게 잘 읽다니 너 정말 똑똑하다!" 이 말에서 아이는 행간에 숨은 잠재적 메시지를 듣는다. "아하, 무언가를 열심히 노력하지 않고도 쉽게 할 수 있을 때 똑똑하다는 이야기를 듣는구나. 그렇다면 다른 아이들처럼 열심히 노력해서 무언가를 할 수 있게 된다면 그건 똑똑하지 않은 거네." 이런 합리적이면서도 치명적인 결론을 이끈 생각은 잘못된 마인드셋, 즉 고정 마인드셋이 자리잡게 한다. 그 결과 아이는 배움의 기쁨이나 호기심, 자신감 대신 새로운 것을 향한 두려움을 키우게 된다.

비슷한 사례로 나는 저학년 때는 교과 과정을 무리 없이 소화했으나 6학년이 되자 분수 계산을 두고 심각하게 혼란스러워 하는 아이를 코칭한 적이 있다. 그 아이의 지적 능력, 즉 IQ는 분수 계산을 배우기에 충분했다. 문제는 그 아이 마음속에 깊이 뿌리내린 고정 마인드셋이었다. 아이는 연습하고, 실수하고, 실수를 통해 배우고, 다시 한번 시도하면서 해당 주제의 복잡성을 해결하려 들지 않았다. 항상 이해가 빠르고 실수가 없다고 칭찬받았던 아이는 쉽게 풀리지 않는 문제 앞에서 당황하고 좌절했다. 아이는 한마디로 '내가 단번에 이해하지 못하는 일이 있다면 그건 내게 소질이 없다는 뜻'이라는 생각에 매달려 있었다.

실제로 고등학교까지는 수월하게 학업을 마쳤던 아이들이 대학에 가서 공부에 혼란을 느끼는 경우도 적지 않다. 필요한 공부량이 갑자기 늘어나고 내용도 복잡해지면서 좋은 두뇌만으로는 부족한 상황이 벌어지기 때문이다. 그럴 때는 열심히 그리고 치열하게 노력하는 수밖에 없다. 그때 '똑똑한 아이들' 중 다수가 엄청난 가치관 혼란에 빠지고 번아웃이나 해야 할 일을 만성적으로 미루는 상태가 된다. 새로운 것을 배우려면 힘든 게 매우 당연하다는 사실을 한 번도 배운 적이 없기 때문이다. 우리가 '와, 이거 정말 복잡하다'라고 느끼는 순간에 우리의 지적 능력은 발달한다. 정확히 자신이 어디에 있는지 알 수 없는 위치에서 우리는 진정으로 성장한다.

그러나 그 깨우침의 경지에 이르지 못했다고 아이들을 비난할 수는 없다. 그 책임은 IQ 스펙트럼의 양 끝에 있는 아이들에게 결코 의욕을 불어넣지 못하고 모든 아이를 평균에 맞추는 일에만 능숙한 우리 교육 제도에 물어야 한다. 진짜 공부가 무엇인지를, 자기 자신에게 도전하고 실패하고 그럼에도 불구하고 다시 시도하는 것이 공부라는 것을 어른이 되어서야 비로소 깨닫게 되다니 얼마나 안타까운 일인가. 만약 아이들이 만난 교사 중 한 명이라도 "어머, 다 맞았구나. 미안해, 내가 너무 쉬운 문제를 준 것 같다. 여기 더 어려운 문제도 있는데 한번 도전해보자. 네 머리가 성장할 기회를 주는 거야"라고 말해주는 사람이 있었다면 아이들은 학교를 다니는 동안 훨씬 많은 것을 배울 수 있었을 것이다.

하지만 학교는 '공부하지 않고 100점을 맞은 아이'에게 열광하고 감탄한다. 그런 광경을 볼 때마다 나는 의문이 든다. 대체 무엇이 놀라운 걸까? 그저 아이에게 문제가 쉬웠을 뿐인데.

내가 2년간 일했던 '베를리너 레알슐레berliner realschule'는 대학 진학을 목표로 하는 김나지움gymnasium과는 구별되는 이른바 '2차 학교'다. 나는 이곳에서 앞서 말한 현상의 전형적인 사례에 해당하는 남학생을 알게 되었다. 그 아이는 반에서 가장 이해가 빨라 항상 1등을 놓치지 않았고, 늘 '제일 똑똑하다'는 평가를 들었다. 하지만 내 눈에는 그 아이가 단지 자기 수준보다 낮은 학교에 다니기 때문에 그런 칭찬을 듣는 것처럼 보였다. 인문계 고등학교에서 대학 입시를 준비해도 될 아이가 소득과 학력 수준이 전반적으로 낮은 베를린 북부의 2차 학교에 다니는 게 오히려 문제라고 생각했다(물론 대학 입시가 최고의 목표라는 이야기는 아니다. 그저 그 아이에겐 조금 더 어렵고 심화된 고등학교 과정이 적합했다는 뜻이다).

그래서 나는 그 남학생에게 장학금을 주선해줄 테니 전학을 가지 않겠냐고 제안했다. 아이는 거절했다. 자기 위치를 잃어버릴까 봐, 갑자기 실수를 저지르게 될까 봐, 자신과 비슷하게 '똑똑한' 혹은 '더 똑똑한' 무리에 둘러싸이게 될까 봐 걱정하는 게 눈에 보였다. 자신에게 짐작하는 것보다 더 큰 능력이 있다는 사실을 모르는 것 같아 안타까웠다.

다른 사람에게 어떤 능력이 있는지는 하등 중요하지 않다. 아이들은 남과 비교하는 법이 아니라 오로지 자기 자신과 비교하는 법을 배워야 한다. 사실 주변 사람들은 무작위로 구성된다. 지금은 성적 좋은 친구들이 많은 고등학교가 버겁게 느껴지더라도 몇 년이 지나 대학에 가면 또 그만큼 똑똑하거나 혹은 그보다 더 똑똑한 사람들을 만나게 될 것이다. 그때도 고정 마인드셋을 지닌 사람들은 이런저런 이유를 대며 더 똑똑한 사람들을 만나지 않을 핑계를 찾을 것이다.

그러므로 머리가 좋아서 항상 100점을 받는 아이보다는 공부를 열심히 해서 80점을 받는 아이가 훨씬 큰 축하를 받아야 한다. 지난번에는 빵점을 맞았던 아이가 이번에는 20점을 받았다면 몇 배의 성과를 거둔 것이니 이 역시 칭찬받아 마땅하다. 하지만 현재 우리의 학교 학습 체계에서는 빵점이든 20점이든 똑같은 최하위 등급이다. 문제는 학생이 아니라 학교다.

실패는 또 다른 기회,
치열하게 실패하기

이 부분에서도 우리 어른이 본보기를 보여야 한다. 아이들은 우리가 실패와 실수를 어떻게 처리하는지를 유심히 지켜보고선 우리의 태도를 나침반 삼아 각자가 나아갈 방향을 정한다. 만약 사소한 장애물이나 저항 앞에 곧장 좌절하는 아이로 키우고 싶지 않다면 부모와 교사가 먼저 성장 마인드셋의 모범을 보여야 한다.

좋은 방법은 직접 실패를 해 보이는 것이다. 어른이 먼저 명백하게 실패하고 실수를 자인하되 심각하거나 중요하게 여기지 않는 모습을 보이면 아이들도 자기가 저지른 오류를 의연하게 받아들이고 실패로부터 교훈을 얻는 법을 배운다. 그러니 아이 앞에서 사소한 실수를 저질렀을 때를 본보기가 될 기회로 활용하자. 가령 아이와 함께 차를 타고 가다가 길을 잘못 들었다면 이렇게 말해보자. "앗, 길을 잘못 들었네. 안 그래도 늦었는데 이렇게 멍청한 실수를 하다니! 딴생각하다가 빠져나가는 길을 놓쳤어. 아이, 짜증 나. (잠시 쉬고) 그래, 그래. 그럴 수도 있지. 잠깐 딴생각을 할 수도 있지. 우리는 누구나 실수하잖아. 이제라도 깨달았으니 다음부터는 익숙하지 않은 길을 운전할 때는 좀 더 집중해야겠어. 집중하면 잘할 수 있어. 네비게이션 볼륨을 좀 높이면 다음번에는 절대 다른 길로 새지 않을 거야.”

이 짧은 혼잣말에 '짜증-실수 인정-상대화-자기효능감'의 4단계가 모두 들어 있다. 여러분이 실수할 때마다 이 4단계 해결법을 사용한다면 여러분의 아이도 금세 자신만의 방식으로 상황에 적용하게 될 것이다. “앗, 더하기를 해야 하는 문제를 다 빼기로 풀었네. 아이고, 이 바보야. 숙제를 빨리 해치우고 나가서 놀려고 했는데 다시 다 풀게 생겼어. 그래, 그래. 괜찮아. 그래도 더하기가 더 쉬우니까. 학교에 온종일 있느라 피곤해서 부호를 잘못 봤나 봐. 다음부터는 문제를 풀기 전에 먼저 부호에 형광펜으로 강조 표시를 해두고 헷갈리지 않도록 해야겠다.”

나는 미국의 심리학자 베키 케네디Becky Kennedy 박사로부터 이 방법을 배웠다. 일상에서 실수를 처리하는 데 굉장히 유용한 방법이므로 여러분도 마음 깊이 새겨놓길 바란다. 지각하거나 업무 실수를 저질러 상사에게 면박당하고 자괴감이 들 때마다 '짜증-실수 인정-상대화-자기효능감'의 4단계를 기억하고 실천해보자.

뇌는
근육이다

아니, 근육이 아니다! 단순히 '뇌는 근육'이라고 단정했다가는 빗발치는 반론에 시달리게 된다. 물리적인 관점에서만 보자면 당연히 뇌는 근육이 아니다. 뇌는 근육질이 아닌 신경망으로 이루어져 있기 때문이다.

하지만 뇌가 어떻게 작동하는지 알아야 하고, 알고 싶어 하는 아이들에게는 생물학적 오류가 있을지언정 이 설명이 안성맞춤이다. 우리의 뇌는 근육과 닮은 점이 많기 때문이다. 근육이 성장하는 데는 고통이 따른다. 똑같이 우리의 이해력과 생각이 성장하기 위해서는 고통스러운 도전이 필요하다. 가벼운 아령만 들다 보면 어느새 근육이 흐물흐물 풀어진다. 근육을 키우려면 무거운 것을 반복적으로 들어야 한다. 공부도 마찬가지다. 안전지대에만 머물러서는 새로운 뇌 신경망을 강화할 수가 없다.

근육을 키우는 데 도움이 되는 운동과 식단을 아는 것도 중요하다. 하지만 결국은 아는 것을 **행동으로 실천해야** 한다. 학습에서도 마찬가지다. 다른 사람들을 유심히 살피고, 관련 도서를 찾아보고, 전문가로부터 조언을 듣는 것도 중요하지만 결국은 스스로 공부를 해야 자기 것이 된다.

훌륭한 비유가 하나 더 있다. 만약 내가 탄탄한 몸매를 원해 피트니스 클럽에 등록했다면, 겨우 두 번 다녀와서 "아직도 몸이 부실한 걸 보니 운동해도 소용없네"라고 말할 수는 없다. 근육이 생기려면 몇 주 혹은 몇 달은 꾸준히 운동해야 하고 조금씩 중량을 늘리는 도전도 해야 한다. 그렇게 오래 운동해야 근육질 몸매가 된다. 우리의 뇌도 똑같다. 시간을 들여서 꾸준히 배우고 수준을 높여가면서 계속 어려운 문제를 풀어야 좋은 성과를 거둘 수 있다.

그 과정에서 성공의 경험이 무엇보다 중요하다. 특히 학교 수업을 따라가기 버거운 아이에게는 성공해본 경험 자체가 필요하다. 그런 아이들이 한 단원을 겨우 끝냈을 때는 이미 다른 아이들이 새 단원을 시작한 후라 수업 시간 내내 허겁지겁 뒤따라가는 신세를 면치 못한다. 그러다 보면 결국 남는 건 무력감일 테다. 하지만 속도가 다를 뿐 아주 잘 배우고 있다는 점을 잊어서는 안 된다.

이런 아이들일수록 진짜 성공을 경험하는 게 중요하다. 그래서 교사에게는 과제의 난이도를 아이마다 다르게 조정할 의무가 있다. 하지만 학교 현장에서 이 부분을 기대하기는 쉽지 않은 게 현실이다.

혹시 여러분의 아이가 이런 경우에 해당한다면 반드시 교사와 소통하여 아이가 성공의 경험을 쌓아갈 수 있는 별도의 학습 계획을 구성해야 한다. 많은 교사가 부모가 먼저 이런 이야기를 꺼내고 적극적으로 지원하고자 하면 고마워한다. 아이의 마인드셋을 위해, 학습과 학교생활을 위해 이 부분을 반드시 신경 써서 챙기길 바란다.

칭찬,
그래서 할까 말까

그렇다면 아이가 눈에 띄는 발전을 했을 때는 어떻게 해야 할까? 아이가 어떤 면에서 진전을 이루었을 때 우리는 흔히 칭찬으로 반응한다. 하지만 앞서 언급했다시피 칭찬에는 어두운 면이 숨어 있다. 그렇다고 칭찬 자체를 반대하는 건 아니다. 어떤 칭찬은 과해서 호들갑스럽게 느껴지기도 하지만 그래도 칭찬은 좋다고 생각한다.

다만 칭찬보다 중요한 것은 아이가 어떤 일에 성공했을 때 느낀 기분을 성과와 연결하도록 도와주는 것이다. 그래서 나는 아이가 어려운 수학 문제를 풀거나 멋진 에세이를 완성하자마자 이렇게 묻는다. "그래서 지금 기분이 어때?"

부모의 평가, 교사의 칭찬보다 아이의 기분이 훨씬 중요하기 때문이다. 우리의 목표는 아이에게 공부에 관한 내재적 동기를 심어주

고정 마인드셋	성장 마인드셋
우와, 너 똑똑하다!	그 생각 참 마음에 드는구나. 어떻게 그런 생각을 했어?
100점이야! 대단하다!	하나도 안 틀렸어! 정말 잘했다. 그런데 이 문제가 네 머리가 성장할 기회를 주지 못한 것 같아 조금 아쉽네. 이건 마치 체육 시간에 팔 굽혀 펴기를 두 개만 한 거랑 마찬가지야. 그렇게는 근육이 성장할 수 없거든. 자, 우리 뇌가 성장할 수 있는 문제를 찾아서 좀 더 풀어보자.
너는 물리 천재인가 봐. 굉장해!	네가 물리에 관심이 많고 좋아하는 것 같아서 기쁘다. 다음 목표는 무엇이니? 다음번에는 무엇을 배우고 싶어?
딩동댕, 넌 진짜 머리가 좋아!	잘 생각했어!

는 것, 즉 아이가 배우고 익히는 과정 자체에 긍정적인 기분(공부 정서)을 느끼고 알아서 공부하도록 만드는 것이다. 칭찬만으로는 이 경지에 이를 수가 없다. 아이가 스스로 동기를 찾으려면 결국 반복해서 자기감정을 돌아보아야 하기 때문이다(동기 부여는 제3장에서 자세히 설명하고 있다).

잠깐, 공부를 통해 긍정적인 기분을 느낀다고? 어쩌면 정반대되는 경험을 훨씬 많이 하면서 자랐을 여러분은 이 말에 비관적일지도 모른다. 과연 내 아이가 혹은 내 학생이 긍정적인 공부 정서를 가지고 기분 좋게 공부할 수 있을까? 지금 당장은 힘들어 보일 수 있지만 우리의 최종 목표다. 그리고 학습 코치와 컨설턴트, 과외 교사로 일해온 내 경험을 통틀어 볼 때, **공부는 즐거울 수 있다**. 지금까지는 거의 혹은 아예 그런 적이 없다고 할지라도 말이다.

　나 역시 아이들을 자주 그리고 많이 칭찬하는 편이다. 다만 성장 마인드셋을 촉진할 수 있는 방향으로 칭찬하려고 신경을 쓰고 있다.

　아직 이 개념이 확실히 잡히지 않았거나 마인드셋의 다양한 배경지식을 쌓길 원하는 사람들을 위해서 부록에 이 주제에 관해 참고하면 좋을 문헌들을 정리해두었으니 참고하길 바란다.

제2장

아이의
학습 유형을
존중하자

모든 학습 유형은 혼합형

제1장에서 공부하는 데 기본이 되는 태도, 즉 성장 마인드셋과 긍정적인 공부 정서를 다루었으니 이제는 '어떻게 배우는가?'를 근본적으로 살펴볼 차례다. 아이들은 어떻게 배우는가?

이 주제를 다루다 보면 금세 '학습 유형'이라는 용어와 마주치게 된다. 학습 유형 이론에 따르면 사람은 누구나 자기만의 특정한 학습 경향이 있으며, 정보를 입수할 때 선호하는 특정 인지 채널이 있다. 가령 누군가는 문장을 **읽기만** 해도 내용을 이해하고 기억하지만, 다른 누군가는 문장을 **들어야** (더 잘) 이해할 수 있으며, 또 다른 누군가는 **몸을 움직일 때** 내용을 받아들이기 수월해한다.

참고로 말하자면 (인지) 심리학에서는 시대에 뒤떨어지고 신빙성이 낮다는 이유로 학습 유형 이론을 인정하지 않는 추세다. 그럼에도 불구하고 이 이론의 기본적인 개요를 설명하는 이유는 학습 유형 모델에서 교수법과 학습법을 다양하게 설계하거나 아이에 맞춰 개별화할 때 필요한 힌트를 얻을 수 있기 때문이다. 무엇보다 학습 유형 이론을 통해 우리가 깨달을 수 있는 중요한 사실은 사람마다 학습 방식은 제각각이지만 분명 각자에게 맞는 고유의 방식이 있으며 그 적합한 방법을 찾을수록 더 많은 발전을 이뤄낼 수 있다는 점이다. 이를 뒤집어 말하면, 학습 내용을 제시하는 방법이 아이의 이해 방식이나 성향에 맞지 않으면 아이는 학습이 더디고 힘들며 때로는 아무것도 배우지 못할 수도 있다.

구분 방식에 따라 학습 유형에도 다양한 모델이 존재한다. 모든 모델에 장단점이 있으며 각 모델이 집중하는 측면도 다르다. 경험상 내 아이가 어떤 유형인지를 알아내는 것은 그다지 중요하지 않다. 아이의 유형이 한 가지로 특정되는 경우는 드물기 때문이다. 모든 사람은 혼합형으로 여러 유형의 특징을 동시에 갖고 있다. 따라서 아이가 정확하게 어떤 특정 유형인지 아닌지를 판별할 수는 없다. 또한 아이가 자기에게 맞는 유형의 방법으로만 공부할 수 있는 것도 아니다. 오히려 누구나 모든 유형의 채널, 즉 읽기, 듣기, 쓰기, 몸으로 체험하기를 통해 배울 수 있다는 사실을 이해하는 것이 중요하다.

더군다나 우리는 가능한 많은 채널을 통해 내용을 받아들일 때 가장 큰 학습 성과를 얻을 수 있다. 하지만 내 경험과 내 커뮤니티 그리고 인스타그램 팔로워인 학부모 수만 명의 경험을 들어 확신하건대, 전형적인 **학습 성향**은 분명 존재한다. 그러므로 아이의 성향이 어

아이 공부, 공부 정서부터 키워라

느 쪽인지를 알아볼 필요가 있으며, 이를 통해 우리는 학습에 해당 성향을 좀 더 집중적으로 활용할 수 있다.

가령 우리는 시각적으로 일하는 데 능통한 사람을 주변에서 쉽게 찾아볼 수 있다. 그들은 도표나 사진, 일러스트, 마인드맵, 영화 등을 통해 배우길 선호한다. 이러한 사람들은 관계를 파악할 때도 시각적 요소를 잘 활용한다. 이와 달리 강의를 들을 때 집중을 잘하고 들은 정보를 오래 잘 기억하는 사람들도 많다. 읽기를 선호하는 사람들은 반대로 많은 정보를 청각에 의존하여 받아들이는 것을 버거워한다. 여기에서 중요한 것은 이 모든 것이 연습을 통해 나아질 수 있으며 반드시 연습해야 한다는 것이다. 하지만 각자의 강점을 파악하고 활용하는 것이 무엇보다 중요하다는 점을 잊지 말아야 한다.

VARK 모델 :
1. 시각 유형

앞서 말했듯 학습 유형 모델은 다양하지만 그중에서 우리가 중점적으로 살펴볼 모델은 뉴질랜드 교육학자 닐 플레밍Neil Fleming이 창시한 VARK 모델이다. 비전문가가 다루기에 합리적이고 실용적인 접근법이라고 판단했기 때문이다. VARK는 네 가지 학습 방식, 즉 시각visual, 청각auditory, 읽기reading, 운동 감각kinesthetic의 알파벳 첫 글자를 따서 만든 조어다. 각 유형을 설명하기 앞서 여러분이 꼭 기억해야 할 사실이 있다. 어떤 아이도 특정 유형과 완벽하게 일치하지 않는다는 점이다.

이 사실을 바탕에 깔고 시각 유형의 특징부터 알아보자. 이들은 정보와 자료를 눈으로 볼 때 가장 잘 배운다. 그래서 그림, 화살표, 다이어그램을 선호한다. 일반적으로 들은 것은 금방 잊어버리는 경향이 있어서 '백 번 말해도' 기억하지 못하고 듣기만 한 강의는 돌아서면 잊는다. 이들의 강점은 그래픽과 다이어그램을 빠르게 이해하고 색에 예민한 감각을 가지고 있다는 점이다. 또한 마인드맵도 쉽게 그린다.

시각 유형은 비슷한 그림에서 작은 차이점을 빠르게 찾아내며 특정 구절은 그 자체를 그림으로 저장하여 기억한다. 즉, 머릿속에서 이미지화된 텍스트를 소환하여 다시 읽는 것이다. 또한 지도를 읽거나 길 안내를 따라 움직이는 것도 쉽게 한다. 자녀에게서 시각 학습 유형의 특징을 발견한 부모는 이러한 강점을 바탕으로 학습 전략을 세울 수 있다.

시각적 학습자는 색상을 많이 사용할수록 좋다. 글에서 중요한 부분에 밑줄을 칠 때뿐만 아니라 자기가 직접 글을 쓸 때도 색연필을 사용할 수 있다. 각각의 단어를 서로 다른 색상으로 쓰거나, 여러 가지 색으로 칠하거나, 적절한 화살표로 표시할 때 정보를 수월하게 받아들인다. 중요한 단어나 용어에는 작은 그림을 그리고 기억할 내용의 단서를 시각적으로 표시해두면 이해하기도 쉽고 기억에도 오래 남는다. 특히 공부할 때 마인드맵을 활용하면 좋다.

시각 학습 유형인 아이들은 주변 소음에 주의가 산만해지기 쉬우므로 공부할 때는 조용한 환경이 필요하다. 주변에 주의를 분산시킬 만한 물건들을 놓지 않는 것도 중요하다. 가령 공부방 벽에 마인드맵을 빼곡하게 걸어놓는 것은 도움이 되지 않는다. 그보다는 아이가 책상 위의 시각 자료에만 집중할 수 있도록 벽을 텅 비워놓는 편이 낫다. 특히 이 유형의 저학년 아이에게 과제를 지시할 때는 글로 확실하게 적어 건네주고, 가능하다면 이미지와 아이콘으로 시각화하여 함께 전달해주면 좋다. 예를 들면 "이 글자를 따라 쓰세요"라는 지시 사항 옆에는 작은 연필을 함께 그려주고, "옆자리 친구와 이야기해보세요"라는 지시 사항 옆에는 옆을 향해 말하는 듯한 벌어진 입술 모양을 함께 그려 건네는 것이다. 이것만으로도 아이들의 이해를 돕기에는 충분하다. 실제 학교 현장에서도 저학년 교사들은 자료를 만들 때 이런 방식을 활용하는 경우가 많다.

좀 더 나이가 있는 학령기 아이들에겐 비디오나 사진을 학습 자료로 활용할 것을 권한다. 예를 들어 생물 시험을 앞두고 있다면 외워야 할 내용을 짧게 담은 '동영상'이 도움이 된다. 스마트폰으로 항공 숏처럼 위에서 아래에 놓인 종이를 촬영하는데, 이 종이 위에 공부하고자 하는 내용과 관련된 항목을 순서대로 배치하며, 즉 모자이크처럼 붙여나가며 완전한 하나의 이미지가 완성될 때까지의 과정을 동영상으로 남기는 것이다. 이 과정을 돕는 스마트폰 애플리케이션도 출시되었다. 이런 동영상을 만들기 위한 사전 작업으로 마인드맵을 만들었다면 그 또한 어딘가에 반드시 붙여놓는 편이 좋다. 단 앞서 설명했듯이 공부방 벽이 아니라 거울이나 화장실 문 또는 옷장 문 같은 곳에 붙여놓아야 한다.

VARK 모델 :
2. 청각 유형

청각적 학습자들은 정보를 읽거나 보는 것보다 듣는 편을 선호한다. 자라서는 팟캐스트나 라디오를 사랑하는 어른이 될 확률이 높다. 청각 유형은 듣기를 잘하고 말도 잘한다. 그래서 전통적인 방식의 수업을 수월하게 따라간다. 수업 중에 귀 기울여 듣고, 청각을 통해 입수한 자료를 잘 이해하며, 그 내용을 바탕으로 발표도 잘해서 교사들의 사랑을 받는다. 그들은 구두로 전해지는 과제 지시, 예컨대 "교과서 27쪽을 펴세요!"와 같은 말을 쉽고 빠르게 이해한다. 군이 칠판에 적지 않아도 쉽게 알아듣는다. 그들은 머릿속에 녹음기가 있어서 간단하게 재생 버튼을 누르면 선생님이 뭐라고 말했는지를 되감아 기억할 수 있다.

이런 특징은 다른 사람과 대화할 때 장점으로 빛난다. 구두 지시를 재빨리 이해하고 말한 내용을 잘 기억하기 때문이다. 토론을 즐겨하고 심지어 제대로 이해하지 못한 내용이라도 이야기를 할 수 있다. 청각 유형은 대화하는 과정에서 배우기 때문이다. "말로 표현하지 않으면 내가 무슨 생각을 했는지 난들 어떻게 알겠는가?"라고 말한 영국 작가 에드워드 포스터Edward Foster는 전형적인 청각 유형이다. 강연과 강의를 좋아하는 청각 유형의 아이들은 대부분 훌륭한 학생으로 평가받는다.

청각 유형은 글을 읽을 때 소리 내어 읽고, 시각 자료를 활용할 때도 말로 문답을 주고받으면 더 잘 그리고 더욱 빨리 이해하고 즐겁게 공부할 수 있다.

또한 학습 내용에 관해 함께 이야기할 수 있는 소그룹을 선호하고 이런 환경에서 더욱 잘 배운다. 직접 발표하는 행위를 통해 새로운 것을 빨리 그리고 쉽게 배운다. 예컨대 사회 교과서에 나온 지리 이야기를 할머니 앞에서 설명해보라고 권하면 기꺼이 자신만의 강의를 시작할 것이다.

또한 직접 오디오북을 제작하거나 배운 내용을 녹음 파일로 저장하여 반복 청취하는 것도 효과적이다.

청각 유형 학습자들이 공부할 때는 방해되는 소음을 최소화해야 한다. 동시에 집중을 돕는 조용한 음악을 틀면 훨씬 도움이 된다. 음악 재생 플랫폼인 스포티파이spotify에 '카롤린과 함께 배우는 집중력 향상 학습konzentration von learn learning with caroline'이란 제목의 플레이리스트를 올려두었다. 매일 수많은 부모 혹은 교사가 이 조용한 음악 덕분에 아이들이 다른 어떤 때보다 공부를 잘하게 되었다는 감사의 메시지를 보내온다.

가끔 아이들이 오디오북을 틀어놓고 숙제를 하겠다고 할 때가 있는데 권장할 만한 방법은 아니다. 여러 가지 일을 동시에 하는 멀티태스킹은 느낌상으로는 일이 잘 되는 것 같아도 실제로는 아무런 효과도 내지 못하는 것으로 증명되었다. 눈으로는 공부하지만 뇌는 계속 목소리가 묘사하는 바를 이해하거나 처음 듣는 이야기를 따라가려고 애쓰는데, 그때마다 집중이 흐트러져 매번 다시 집중하는 데 시간을 들여야 하기 때문이다.

뒤에서 누군가가 대화하거나 전화 통화를 하는 것도 방해가 된다. 청각 학습자들은 한순간도 귀를 닫지 않고 들은 것을 모두 저장하기 때문이다.

VARK 모델 :
3. 읽기 유형, 4. 쓰기 유형

그리 놀랄 일은 아니겠지만 읽기 및 쓰기 유형은 무언가를 읽거나 따라 쓸 때 가장 잘 배운다. 그들은 단어와 그 뜻으로 정보를 수집한다. 따라서 읽기와 쓰기 영역이 강조되는 학교 수업을 쉽게 따라간다.

여기에 해당하는 학습자들은 목록을 만들고, 단어와 그 뜻을 표로 정리하여 체계화하고, 제목을 이해하고, 상위 개념을 찾는 데 강하다. 또한 읽은 바를 이해할 때 사용하는 수용 어휘와 글을 쓸 때 사용하는 표현 어휘가 모두 풍부하다. 따라서 읽은 것과 글로 쓴 것을 잘 기억한다. 책을 즐겨 읽고, 편지 쓰는 것을 좋아하고, 자기 생각을 글로 잘 표현한다.

그러므로 공부할 때 책 귀퉁이에 메모하는 습관을 갖도록 지도하면 공부할 때 큰 도움이 된다(혹시 이 책 귀퉁이 이곳저곳에 이미 메모가 적혀 있다면 여러분 또한 이 유형에 속한다). 또한 책을 읽을 때는 항상 손에 펜을 들고 텍스트 안이나 옆에 작은 주석을 남기거나 형광펜으로 줄을 그어가며 읽는 것이 좋다.

읽기 및 쓰기 유형은 동영상을 볼 때 무의식적으로 자막을 띄워놓고 볼 때가 많다. 자막을 읽으면서 화면을 볼 때 이해가 더 잘 되는 기분이 들기 때문이다. 특히 이 유형 학습자가 시험공부를 할 때는 **커닝 페이퍼 전략**을 활용하면 큰 도움이 된다.

방식은 다음과 같다. 먼저 암기해야 할 내용을 A4용지 한 장 분량으로 정리한다. 그런 다음 A5용지에 그 내용을 옮겨 적어야 하는데, 작아진 종이 안에 집어넣으려면 분량을 절반으로 간추려야 한다. 첫 번째 종이에 적으면서 머리에 입력한 내용은 과감하게 버리고 한 문장, 한 문장씩 짚어가면서 내용을 정리한다.

다음으로 A6용지, 즉 엽서 크기의 종이를 준비해서 같은 과정을 반복한다. 그다음은 A7용지다. 내가 아는 어떤 아이는 이 단계를 거듭하여 결국 우표 크기의 커닝 페이퍼를 만들어서 필통에 넣어 다닌다. 그 친구는 그 작은 종이가 있다는 것만으로도 든든한 기분이 든다고 했다. 하지만 그 든든함의 기저를 이루는 것은 커닝 페이퍼가 아니다. 내용을 추리며 작성하는 과정에서 외워야 하는 내용을 모두 암기하며 형성된 안정감 덕분이다. 정작 시험에서 커닝 페이퍼는 아무런 필요가 없다. 반복해서 쓰고 내용을 간추리는 과정에서 전체 내용을 이미 완벽하게 숙지했기 때문이다.

아이의 학습 유형을 존중하고 싶다면
Tip 1. 커닝 페이퍼 활용하기

나는 커닝 페이퍼를 금기시하는 일반 학교의 분위기가 무척 안타깝다. 철자나 불규칙 동사의 변형처럼 반드시 머리로 암기해야 하는 내용도 있지만 학교를 다니다 보면 시험용으로만 존재하는 터무니없는 암기 과제도 적지 않다. 이런 것은 시험이 끝나면 대부분 잊히므로 장기적으로는 아무런 유익이 없다.

그보다는 창의적으로 공부하고, 비판적으로 생각하고, 전체 맥락을 이해하는 것이 훨씬 중요하다. 무엇보다 우리는 지금 정보화 시대에 살고 있지 않은가! 필요한 정보는 어디에서든 금세 검색으로 확인해볼 수 있는 만큼 이제는 인터넷에서 쉽게 찾을 수 있는 내용을 더 이상 외울 필요가 없다.

외워야 한다는 강박을 버리고 아이들에게 "편하게 커닝 페이퍼를 사용해도 돼"라고 말할 수 있었으면 좋겠다. 시험만을 위한 터무니없는 암기가 사라진다면 시험에서도 훨씬 재미있는 것들을 물어볼 수 있을 것이다. 공식이나 수치, 연도에 대해서는 검색을 허용하되 대신 의미나 맥락을 이해했는지를 중점적으로 살피는 질문으로 대체될 것이다. 모르는 것은 그냥 찾아보면 된다고 생각할 때 아이들은 좀 더 편안하게 내용에 집중할 수 있을 것이다. 특히 시험불안 test anxiety 으로 인한 괴로움을 줄이는 데 큰 도움이 될 것이다(시험불안은 제12장을 참고하길 바란다).

솔직히 말해 나는 아이의 나이와 수준에 따라 꼭 외워야 할 몇 가지 기본 지식을 제외하면 커닝 페이퍼에 쓸 수 있는 내용들은 열심히 배울 필요가 없다고 생각한다. 오히려 중요한 것은 커닝 페이퍼에 들어갈 수 없는 능력을 키우는 것이다. 물론 이것은 내 개인적인 생각이지만 나만의 생각은 아니다. 공식적으로는 커닝 페이퍼가 금지되어 있지만 현장에서는 여러모로 커닝 페이퍼가 허용되는 추세다. 심지어 대학에서는 전공서를 펴놓고 시험을 보는 오픈북 시험이 제도로 허용되고 있다. 현재 일부 교사가 재량껏 허용하고 있는 커닝 페이퍼가 '일반 학교'에서도 허용되기 전까지는 시험을 준비하고 지식을 습득하고 공부하는 데 이 전략을 적극적으로 활용하길 권한다. 특히 쓰기 및 읽기 유형의 어린이들이 공부하는 데 큰 도움이 된다는 점을 기억하자.

VARK 모델 :
5. 운동감각 유형

이 유형에 해당하는 아이들은 공부할 때 신체 활동과 촉각 자극이 더해질수록 잘 배운다. 이들에게 무언가를 이해한다는 것은 온몸의 감각을 이용하여 개념을 붙드는 행위다. 그러다 보니 가만히 앉아서 선생님이 하는 말을 듣는 것으로는 충분한 자극이 되지 않을뿐더러 그런 환경에서 무언가를 배우는 것이 힘들다. 운동감각 유형의 아이들은 직접 몸으로 부딪쳐서 알아낸 것일 수록 쉽게 기억하고 시행착오를 통해 더욱 잘 배운다. 예를 들어 그들에게 화학적 상호작용에 관해 가르치려면 실험을 직접 해보게 하는 것이 제일 좋다.

운동감각 유형의 아이들은 신체 기억력이 뛰어나므로 스포츠나 수공예 영역에서 뛰어난 재능을 보인다. 그들은 프로젝트 수업, 특히 여러 과목을 넘나드는 과제를 수행하는 과정에서 많은 것을 배운다.

아이 공부, 공부 정서부터 키워라

또한 입체적인 과제에 흥미를 보인다. 단 에너지 레벨이 높으므로 자주 변화를 주어야 한다. 그렇지 않으면 금방 지루해하고 주의가 산만해진다.

이런 유형의 아이가 공부하도록 도우려면 되도록 가만히 앉아 공부하는 시간을 잘게 나누어 틈틈이 휴식을 취하게끔 하고 휴식 시간에는 역동적으로 몸을 움직이도록 유도해야 한다. 하물며 공부 중에도 필요하다면 몸을 흔들거나 비틀거나 걷는 등의 움직임을 허락해야 한다. 작은 소리를 내거나 껌을 씹는 (이것도 일종의 운동이므로) 정도는 너그러이 이해해주자. 운동감각 유형은 책상 앞에 앉아서도 신체 활동이 꼭 필요할 뿐만 아니라 도움이 되므로 의자 위에 밸런스 쿠션을 깔고 앉아 부드럽게 몸을 움직일 수 있도록 도와주는 것도 도움이 된다.

아이의 학습 유형을 존중하고 싶다면
Tip 2. 올바른 자리 찾기

아이가 잘 앉아 공부할 수 있는 자리를 찾는 것은 매우 중요한 일이므로 잠시 설명하고 넘어가고자 한다. 나는 짐볼보다는 밸런스 쿠션을 권한다. 짐볼에 앉아서도 움직일 수는 있지만 때로는 그 움직임이 과해서 집중을 방해한다. 게다가 공 위에 똑바로 앉아서 자세를 유지하려면 초인적인 노력이 필요하다. 그래서 나는 짐볼을 납작하게 눌러놓은 형태의 밸런스 쿠션이 이상적이라고

생각한다. 생각할 때도 몸을 움직여야 하는 아이는 그 위에 앉아서 몸을 조금

씩 움직여가며 머리를 굴릴 수 있다.

의자의 앞다리 사이에 탄성이 높은 스트레칭용 밴드를 끼우는 것도 좋은 방법

이다. 그러면 아이는 밴드 사이에 발을 끼우고 탄성에 맞춰 앞뒤로 발을 움직

이는 것으로 움직이고 싶은 욕구를 풀 수 있다. 비슷하게 짐볼의 공기압을 줄

여서 물렁하게 만드는 것도 괜찮다. 아이는 움푹 들어간 공 사이로 발을 넣고

좁은 틈 안에서 마음껏 발을 움직일 수 있다. 이렇게 하면 하반신은 활발하게

움직이되 상반신은 편안하게 공부할 수 있다.

실내용 자전거에 책상 상판을 설치한 '데스크 바이크'도 훌륭한 대안이다. 아

이는 책상에 앉아서도 발을 마음껏 움직일 수 있다. 페달에 탁자만 달린 간단

한 제품부터 최신형 에르고미터 ergometer가 장착된 고급형까지, 시중에는 다양

한 데스크 바이크가 출시되어 있다. 동료 교사 중에는 아예 교실에 이런 자전

거를 설치한 분도 있었다. 차분히 앉아 있지 못하는 아이를 '산만하다'고 지적

하는 대신 자전거에 앉아 페달을 밟으며 편안하게 공부할 수 있도록 배려한

것이다. 틈틈이 움직일 수 있게 된 아이는 금세 차분해져서 수업에 집중했다

고 한다.

운동 감각 유형인 아이들은 금세 다른 곳으로 주의를 돌린다. 그

러므로 이런 아이들이 공부할 때는 불필요한 자극을 제한하는 편이

좋다. 불가피하게 집이나 방에서 조용한 환경을 조성할 수 없을 때는

숙제나 공부 하는 아이 머리에 모자를 씌우는 것만으로도 큰 도움이

된다. 모자를 쓴 아이는 머리 주위로 보이지 않는 경계가 그어진 것처럼 느끼는데 이 느낌이 외부의 방해 요소로부터 아이의 집중력을 보호해준다. 같은 이유에서 어떤 아이들은 귀마개나 노이즈 캔슬링 헤드폰을 활용한다(아예 교실에 이런 장치들을 마련해둔 교사들도 있다). 혹시 한여름에도 교실에서 모자를 쓰고 있는 아이를 발견한다면 겉멋이 아니라 학습 유형을 고려해 채택한 전략임을 이해해주길 바란다.

공부방에 가벽이나 파티션을 설치해서 독서실 같은 환경을 조성하는 것도 좋다. 아이 책상 주변을 확실하게 구분해주는 것이다. 방해되는 환경을 물리적으로 차단하면 아이가 좀 더 수월하게 집중할 수 있으므로 충분히 시도해볼 가치가 있다.

운동감각 유형은 자기 움직임에 집중하느라 청각으로 정보를 받아들이는 데 상대적으로 서툴다. 부모들이 "뭐든 세 번은 설명해야 알아듣는다"라고 짜증을 내며 찾아올 때는 자녀가 운동감각 유형일 경우가 많다. 자기 자녀가 어떤 환경에서 가장 잘 학습하는지 부모가 파악하지 못하면 결국 갈등이 커진다. 운동감각 유형의 아이들에게 "뭐든 한 번에 알아듣는 법이 없다"라고 짜증을 내거나 연거푸 말로만 경고하는 것은 아무 소용이 없다. 예컨대 교차 곱셈을 가르쳐야 한다면 말로만 설명하기보다는 어떻게 푸는지를 직접 보여주고 그걸 따라 하도록 하는 것이 훨씬 효과적이고 서로에게 편한 방법이다. 단 아주 간단한 문제에서부터 시작하여 차근차근 난이도를 높여야 한다.

또한 집 안에서도 공간을 옮겨가며 공부해보길 권한다. 욕실 바닥이나 식탁 아래, 싱크대 조리대 위에서 숙제하면 안 될 이유는 없다. '공부하기 적당한 곳'이 아니라고? 그걸 누가, 왜 그렇게 정했는지 물어보고 싶다. 마땅한 대답이 떠오르지 않는다면, 제발 한 번만이라도 아이에게 시도해볼 기회를 허락하길 바란다. 아이가 원한다면 숙제는 서서, 걸으면서 혹은 누워서 해도 아무 상관이 없다.

또한 촉각 경험에 큰 가치를 두는 운동감각 유형이라면, 특히 초등학생 때는 클레이나 레고 블록, 몬테소리 교구 등 다양한 교구를 함께 사용할 때 더욱 효과적으로 학습할 수 있다.

학습 유형은
언제든 바뀔 수 있다

아직 여러분의 아이가 정확하게 어떤 유형인지 모르겠다면 각 유형에 맞는 학습 방법을 두세 번씩 시도해본 다음, 그 방법이 아이에게 적합한지 아닌지를 진지하게 검토해볼 것을 권한다. 유형을 파악한 후에도 적용에는 유연함이 필요하다. 학습 성향과 선호하는 학습 방법이 한 번 정해졌다고 해서 평생토록 유지되어야 하는 것은 아니다. 부모의 성향이 고스란히 유전되리란 법이 없는 것과 마찬가지로 성향은 나이가 들면서 바뀔 수 있다. 가령 2학년 때는 소용없던 학습 전략이 6학년 때 좋은 성과를 낼 수도 있고 그 반대일 수도 있다. 세상은 계속해서 변한다. 아이들도 끊임없이 성장한다. 시대에 뒤처지지 않으려면 변하는 세상과 아이들의 발걸음을 우리도 뒤따라야 한다.

혹시 여러분 아이의 담당 교사가 아이와 맞지 않는 유형으로 수업하는 것처럼 느껴질 수도 있다. 그럴 때는 해당 교사를 직접 찾아가 대화를 시도하는 편이 좋다. 다만 다짜고짜 이론을 들이대거나 수업에 간섭하려 들어서는 안 된다. 그보다는 아이가 언제 그리고 어느 때에 학습 능률이 좋았는지, 집에서는 어떻게 가르치는지, 어떤 학습 유형을 활용할 때 잘 따라왔는지를 간단하게 설명해주는 것이 현명하다. 혹시 여러분에게 시간과 의지 그리고 능력이 충분하다면 집에서 아이에게 훨씬 적합하면서도 좋은 결과를 낼 수 있는 방식으로 숙제나 시험공부를 하도록 방향을 수정해도 될지 교사에게 의견을 구한 뒤에 시도하는 것도 늦지 않다. 어떤 경우든 대화를 시도하는 편이 아무런 소통도 하지 않는 것보다는 낫다. 교사와 부모가 대화의 기회를 활용하지 않을 때 결국 피해를 보는 건 본인의 능력보다 훨씬 낮은 성과를 거두게 되는 아이다.

'유별나게' 교사를 찾아가고 싶지 않다면 학부모 상담이나 총회 등의 공식적인 기회를 활용하여 학습 유형에 관한 대화를 시도해볼 수도 있다.

학교 수업이 다섯 가지 학습 유형에 알맞은 방식으로 구성된다면 이보다 이상적일 수는 없다. 아이들은 학습 유형들이 결합될 때 가장 공부를 잘할 수 있다. 또한 아이들은 저마다 자기 유형에 맞는 학습 방식이 있다. 하지만 그렇다고 해서 다른 유형에 해당하는 인지 채널로 전달된 내용을 전혀 받아들이지 못하는 것도 아니다. 예를 들어 운동감각 유형의 아이들도 오디오북을 즐겨 듣는다. 시각 유형 아이도 책 읽는 걸 좋아할 수 있다. 유형에 맞춘 학습이 특정 감각 채널만을

아이 공부, 공부 정서부터 키워라

고집한다는 뜻은 아니다. 효과적이고 바람직한 학습을 위해서는 다양성과 유연성이 필수다.

다만 학교가 이상적인 여건을 갖추기 전까지 아이의 유형을 고려한 학습은 가정의 몫이 될 수밖에 없다.

처음으로 학습 유형을 고려해 아이 공부를 도와준 부모들의 반응은 크게 네 가지였다. 첫째, "아이가 예전보다 훨씬 빨리, 잘 배울 뿐만 아니라 즐겁게 공부해요!" 둘째, "공부와 숙제로 인한 스트레스가 줄어들어서 집안 분위기가 좋아졌어요!" 셋째, "공부와 상관없이 내 아이를 잘 이해하게 되었고 그 덕분에 우리 관계도 좋아졌어요!" 마지막으로 가끔은 이렇게 말하는 부모도 있었다. "이번 기회를 통해 저도 제 학습 유형을 파악하게 되었습니다. 덕분에 무언가를 배우는 게 쉬워졌어요. 고맙습니다!"

제3장

의욕 없는
아이의 마음을
동하게 하는 비결

아이가 의욕을 잃으면 부모는 절망에 빠진다

나를 찾아오는 부모들의 가장 큰 고민은 '어떻게 하면 공부에 아무 관심이 없는 아이에게 동기를 불어넣을 수 있을까'이다. "우리 아이는 의욕이 하나도 없어요. 학교에서 아무것도 하려 하지 않아요. 입이 닳도록 잔소리를 해도 나아진 게 없어요!" 자녀가 의욕을 잃으면 부모는 절망에 빠진다. 서로 다툼이 잦아지고 집안은 그야말로 살얼음판이 된다.

그렇다면 동기란 무엇이고 어떻게 생기는 걸까? 내 아이가 의욕이 없을 때 부모로서 할 수 있는 일은 무엇일까? 많은 부모가 이 질문에 해답을 찾고자 온갖 방법을 시도한다. 구슬려도 보고 윽박도 지른다. "이게 다 너를 위한 거야. 지금 나 좋자고 이러니?" "나중을 위해서 중요한 일이야!" "일단 좀 해보면 흥미가 생길 거야." "그래도 기본적인 건 알아야지!" "이런 것도 모르면서 어떻게 좋은 직장에 들어가겠어?"

혹시 여러분 입에도 이런 말들이 붙어 있지 않은가? 아니라면 여러분이 아이에게 자주 하는 말은 무엇인가? 혹시 여러분도 어린 시절에 이런 말을 들어본 적이 있는가? 그렇다면 그 말이 정말 효과가 있었는지 묻고 싶다.

물론 지당하신 말씀이고, 사랑해서 하는 말이고, 틀린 데 하나 없는 조언이다. 하지만 이런 말을 듣고 "네, 엄마. 옳은 말씀이세요! 지금부터라도 말씀대로 할게요"라거나 "정말이에요. 엄마 말씀대로 일단 물리 공부를 시작해봤는데 재미있네요"라고 답할 아이는 없다. 그러므로 우리가 명심해야 할 결론은 한 가지다. 잔소리는 아무 쓸모가 없다.

우리가 일반적으로 아이들에게 학습 의욕을 불어넣으려고 시도하는 방식은 인간적이고 합리적이지만 동시에 성공하는 경우가 드물고 별 도움이 되지 않으며 본질적인 동기를 불어넣지 못한다. 우리 모두의 경험을 통해 증명된 바다. 만약 그런 방식이 제대로 작동했다면 여러분이 지금 이 책을 붙들고 있을 이유가 하나도 없다. 그렇다면 어째서 효과가 없는 걸까?

도움이 될 만한 답을 얻으려면 우리가 아이들에게 동기를 부여하고자 흔히 사용하는 방식들을 좀 더 자세히 살펴볼 필요가 있다. 크게 다음의 세 가지로 분류해볼 수 있다.

- **압력**을 가하거나 **겁**을 주는 방법: "숙제 안 하면 너 꼴찌 한다!"

아이 공부, 공부 정서부터 키워라

- **보상**을 주는 방법: "하나 맞추면 500원, 두 개 맞추면 1,000원 줄게!"

- 앞날을 그려보게 하거나 이성적으로 **설득**하는 방법

이 세 가지 방식에 어떤 가능성이 있는지 하나씩 살펴보자.

압력과 공포:
어릴 때는 겁을 주면 통했다지만

좋지 않은 결과를 예고한다고 해서 아이의 의욕이 살아나지는 않는다. 두려움 또한 지속적인 효과를 발휘하지 않는다. 오히려 이런 방법에는 치명적인 부작용이 뒤따르는데, "두려움 속에서 배운 사람은 동시에 두려움도 배운다"라는 말이 괜히 나온 것이 아니다. 두려움 때문에 무언가를 배운 사람은 오랫동안 동기가 유지되지 않는다. 겁주는 것은 긍정적 의미에서의 동기 부여가 아니다. 물론 압력이나 겁을 주면 당장은 아이가 공부를 한다. 시험을 코앞에 두고 벼락치기를 해본 경험이 누구에게나 있을 것이다. 부담감을 느끼거나 겁을 먹었을 때 분비되는 아드레날린은 짧은 시간 안에 공부할 내용을 머릿속에 집어넣는 데 도움이 된다. 하지만 빨리 암기한 만큼 빨리 휘발된다. 이것이 문제다.

더 큰 문제도 있다. 압력이나 두려움 때문에 공부한 사람들은 학습에 부정적인 경험을 갖게 된다. 억지로 혹은 무서워서 학교에 다니는 아이에게 공부란 편안하고 재미있는 것과는 동떨어져 있다. 이런 아이들에게 공부란 압박 혹은 부정적인 결과로 인한 두려움 때문에 억지로 해야만 하는 일로 여겨진다.

이는 진정한 배움이 작동하는 원리와도 크게 어긋난다. 진정한 배움은 이른바 몰입 상태에서 일어난다. 몰입이란 어떤 행위에 깊게 집중해서 시간도 공간도 잊어버리는 무아지경의 상태를 뜻한다. 가령 놀이에 푹 빠져서 엄마가 아무리 불러도 대답하지 못할 때 아이는 몰입 중이다.

이런 상태에서 진정한 배움이 일어난다. 배움 자체가 동기가 되므로 샘솟는 의욕 덕분에 머리가 쌩쌩 돌아간다. 무엇보다 배움에 좋은 경험과 기억이 쌓인다. 이제 막 학교에 들어간 아이들은 무조건 이런 학습 경험, 즉 긍정적인 공부 정서가 많이 쌓여야 한다는 것이 나의 지론이다. 아이들은 학교 입학 전인 만 6년 동안 모든 것을 본능적으로 배워왔다. 자발적으로 그리고 무언가를 알고 싶거나 어떤 능력을 갖고 싶다는 욕망에 불타서 배우고 익혔다. 자기 팔도 제대로 가누지 못하던 신생아가 여섯 살이 된 모습을 떠올려보자. 멀리 갈 것도 없이 여러분의 아이를 생각해보자. 그리고 지난 몇 년 동안 아이가 배운 것들을 생각해보자. 앉기, 기기, 걷기, 말하기, 기어오르기, 만들기, 숟가락 들기, 가위로 물건 자르기, 색깔 이름 맞추기, 혼자 옷 입기, 블록으로 탑 쌓기, 헤엄치기까지 모두 어마어마한 능력과 지식이다. 그리고 이 모든 것을 압박이나 두려움 때문이 아니라 자발적으로 깨우쳤다는 사실을 잊지 말아야 한다.

하지만 학교에서는 종종 아이들이 배제된 채로 수업이 이루어질 때가 많다. 어느 순간 아이들은 **학교를 위해** 공부하기 시작한다. 공부의 주인공은 자신이 아니라고 생각한다. 읽고 쓰고 계산하는 것을 (자발적인 동기에서) **배우고 싶은** 아이는 사라지고 **해야 하니까** 하는 아이들이 늘어난다. "나는 3학년이고 3학년 수업 시간에는 ○○이 나오니까 배워야 한대." 놀이이자 즐거운 탐험인 진정한 배움과는 점점 거리가 멀어진다.

오랜 경험상 나는 아이가 기꺼이 그리고 자발적으로 공부하기 위해서는 먼저 긍정적인 학습 경험이 쌓여야 한다고 확신한다. 이것이 공부에 동기를 부여하는 최고의 비결이다. 긍정적인 학습 경험을 쌓는 과정에서는 일시적으로 과도기가 찾아올 수도 있다. 압박과 두려움 때문에 예전보다 못한 성과를 보일 수도 있다. 하지만 장기적으로 보자면 긍정적인 학습 경험을 쌓은 쪽이 훨씬 공부를 잘하고, 무엇보다 즐겁게 공부하게 될 것이다. 공부는 아름답고 보람된 과정이라는 것을 아이가 경험으로 실감하기 때문이다. 그렇다. 공부가 재미있어진다! 새로운 것을 배우고 이해하고 터득하는 것은 원래 기분 좋은 경험이다.

그렇게 되면 아이를 몰아붙이거나 위협하지 않아도 되므로 장기적으로는 부모와 교사들의 부담도 훨씬 줄어들게 된다. 그리고 성인이 된 아이가 대학에 가서 또 다른 수준의 공부를 맞닥뜨리게 되었을 때도 스트레스와 좌절 없이 새로운 세계를 즐겁게 탐색하게 된다.

다만 '압박과 겁주기'가 없어진다고 해서 공부의 모든 과정에 어려움이 사라지고 탄탄대로가 펼쳐진다는 뜻은 결코 아니다. 어린아이가 새로운 무언가를 습득할 때 거치는 과정을 관찰해본 사람이라면 내 말을 쉽게 이해할 것이다. 혼자서 숟가락으로 밥 먹기를 시도하는 아이는 수많은 시도와 실패 끝에 마침내 한 숟가락을 입에 넣는 데 성공한다. 이처럼 내 목표는 아이들이 스트레스와 애씀을 구분하도록 가르치는 것이다. 스트레스는 나쁘지만 애쓰는 것은 좋다.

하지만 우리는 딜레마에 빠질 때가 적지 않다. 단기적으로 볼 때 압박과 겁주기는 효과가 좋기 때문이다. 특히 아이가 어릴수록 동기 부여의 도구로서 탁월하게 작동한다. "너 이거 안 하면 선생님께 엄청 혼난다!"라는 말 한마디면 초등학교 저학년 아이를 움직이기에 충분하다. 어린아이들은 선생님이 화내는 기색만 보여도 순순히 지시를 따르고 틀리지 않으려고 노력한다.

그러나 이 효과를 계속 유지하기는 쉽지 않다. 점점 강도를 높여가며 더 세고 노골적으로 위협해야 한다. 아무리 애를 써도 결국 아이들이 크면서 선생님을 무서워하지 않게 된다. 아이가 클수록 잘 먹히는 위협의 말을 찾기란 더욱 어려워진다.

그러다가 속절없이 점점 세게 압박하고 위협하다가 어느 시점이 되면 (보통은 사춘기쯤에) 아이가 소리를 지른다. "아, 씨…. 될 대로 되라고 해! 협박하라면 해보라지. 뭐라고 하든 나는 안 할 거야!" 적어도 이때가 되면 어른들은 협박을 통한 동기 부여에 엄청난 부작용이 뒤따른다는 것을 깨닫는다.

이처럼 압박과 겁주기 혹은 벌주기는 아무런 도움이 되지 않는다. 다행히도 요즘에는 이 사실을 이해하는 부모가 늘어나는 추세라서 경고나 협박 대신 적절한 보상을 주는 편을 선택하고 있다. 그렇다면 과연 보상은 좀 통할까?

보상:
단기적인 성공만 보여주는 이유

상과 벌은 동전의 양면이다. 그래서 약속한 상을 받지 못한 아이는 그게 곧 벌이라고 생각한다. 이 주제를 좀 더 알고 싶다면 미국 교사이자 작가인 알피 콘Alfie Kohn의 책과 온라인 게시물을 찾아보길 권한다. 상벌 체계를 넘어 부모됨에 깊은 통찰을 얻을 수 있다.

보상은 긍정적인 의미의 진정한 동기 부여가 아니라 교활한 일시적 조작이다. 만약 직장 상사가 야근을 장려할 심산으로 사무실 전체에 피자를 **보상**으로 돌린다면 여러분은 피자를 상이라기보다 음흉한 술책으로 여길 것이다. 물론 우리는 일을 하고 그 보상으로 돈을 받지만, 더불어 그 일에서 진정한 가치까지 발견한다면 의욕에 불타올라 업무에 매진하게 된다.

보상에는 아이 스스로는 절대 바람직한 행동을 하지 않는다는 선

입견이 기본으로 깔려 있다. 내가 보상을 탐탁지 않게 여기는 이유다. 애초에 아이가 스스로 단어를 외우려 할 리 없다고 판단해서 보상을 주겠다고 말하며 회유하는 것이기 때문이다. 보상으로 조작하기 시작하면 더 이상 아이는 합리적인 판단에 따라 혹은 도움이 되거나 즐겁거나 필요하다는 이유로 공부하지 않는다. 오로지 외부에서 제공되는 자극 때문에 공부하게 된다. 보상이란 행위 자체에 공부는 재미없는 것이란 메시지가 들어 있다. 자기가 재미있어서 하는 공부라면 보상받을 이유가 없지 않은가.

하지만 우리가 진정으로 원하는 것은 그 정반대다. 우리는 아이가 공부에 흥미를 발견하길 바란다. **즐겁게** 공부하길 바란다. 내가 결코 공부에 보상을 걸지 않는 이유다. 나는 아이가 무언가를 배우고 이해하고 깨우치고 결국은 통달하는 과정 그 자체가 최고의 보상이라는 사실을 깨닫기를 바란다. 내면에서 발견한 가치는 외부에서 제시하는 그 어떤 보상보다 크고 값지다.

장기적인 관점에서 외적 보상이 내적 동기를 대체할 수는 없다. 나는 이 사실을 아이들에게 틈틈이 알려주려고 노력한다. 물론 표현은 아이의 눈높이에 맞춘다. "네가 가진 모든 것은 남에게 빼앗길 수 있어. 하지만 네 머릿속에 있는 것과 네가 배운 것은 아무도 가져갈 수가 없단다. 네가 소중히 모아야 할 진정한 보물들이지. 그 어떤 해커나 도둑도 훔칠 수 없어!" 나는 기회가 생길 때마다 끊임없이 이 말을 하고 아이들은 내 말을 아주 잘 이해한다.

보상의 또 다른 문제점은 그 효과가 매우 한시적이라는 데 있다.

이는 겁주기, 압력, 위협의 부작용과도 유사하다. 학습을 위한 보상 또한 (외부에서 비롯된) 외재적 동기 부여의 수단이다. 그래서 단기간에는 효과를 발휘하나 금방 관성이 생겨서 효과를 유지하려면 보상이 점점 커져야만 한다. 가령 올해에 좋은 성적을 받아오는 대가로 1만 원을 약속했다면 내년에는 5만 원을 걸어야 할 것이다. 그리고 어느새 아이는 여러분이 주려고 했거나 혹은 줄 수 있는 것 이상의 더 많은 돈을 요구할 것이다. 그쯤이면 돈으로 하는 보상은 동기 부여의 기능을 잃고 오히려 역기능을 한다.

이와 관련해 나는 극단적인 사례를 경험한 적이 있다. 부모의 이혼과 분쟁으로 만신창이가 된 가정에서 자라는 세 아이를 맡아서 가르칠 때였다. 아이들은 엄마와 아빠 집을 오가며 살았다. 스트레스가 많은 상황 속에서 아이들은 당연히 공부할 의욕을 잃었고 학교 숙제조차 제대로 하려 하지 않았다. 그러자 양쪽 부모는 보상으로 동기를 불러일으켰다. 그리고 관성의 효과에 따라 그 보상은 점점 커졌다. 성능이 훨씬 좋은 스마트폰, 컴퓨터 게임, 말(정말 탈 수 있는 말!) 등 부모들은 온갖 좋은 선물을 약속했고 실제로 주기까지 했다. 절망적인 상황을 헤쳐나가려는 절망적인 몸부림이었다. 하지만 상황은 더욱 극단적으로 나빠졌다. 특히 막내의 학교생활이 심각했는데 부모는 오로지 보상으로만 그것을 해결하려 들었다. 아이는 학교 자체에 의욕을 잃은 상태였고 부모는 아이에게 계속 선물 공세를 펼쳐가며 과외 수업과 발음 교정 연습을 시켰다.

그렇게 열세 살이 되어 네 번째로 옮긴 사립학교에 다니던 막내가 어느 날 부모에게 요구했다. "제가 계속 학교를 다니길 원하신다면 돈을 주세요!" 부모는 어떻게 반응했을까? 놀랍게도 그들은 그 상황에 절망하면서도 아이의 요구에 응했다. 그리고 그 '지불액'은 해마다 가파르게 증가했다.

매우 극단적인 예지만 실제로 일어난 일이다. 이 사례에서 알 수 있듯이 어차피 장기적인 효과를 내지 못할 보상이라면 아예 시작하지 않는 편이 낫다. 단 예외적인 허용은 가능하다. 당장 아이의 협력이 필요한 응급 상황에서 외부 환경상 다른 선택지가 없다면 보상을 허용해야 한다. 병원에서 검진을 받거나 주사를 맞아야 할 때는 "말 잘 들으면 예쁜 스티커 사줄게!" 같은 약속으로 아이를 구슬려도 괜찮다.

하지만 일단 하기 싫은 일을 하는 것에 보상을 주기 시작하면 응급 상황이 아니더라도 보상을 요구하기 쉬워진다는 사실을 유념해야 한다. 보상이 계속되면 결국 아이는 과제나 시험 준비를 해야 하는 상황에서 매번 "그거 하면 뭐 줄 거야?"를 묻게 된다. 수행과 보상이라는 순환 고리는 학습은 물론 아이의 인생 전체에 유익하지 않다.

음식으로 보상을 주는 것은 또 다른 의미에서 아이를 힘들게 만든다. 요즈음 많은 어린이와 청소년들이 식이 장애로 고생하고 있다. 독일 보건부 산하 로버트코흐연구소Robert Koch Institut의 조사에 따르면 11세에서 17세 사이 독일 청소년의 20퍼센트 이상이 식이 장애를 겪고 있으며, 그중 29퍼센트가 여자 청소년으로 그 비율이 남자 청소년의 두 배에 해당하는 것으로 나타났다. 전문가들은 식이 장애의 주요 원인 중 하나가 실제 음식 섭취와는 아무 상관 없는 감정 혹은 행위와 음식을 연결하는 잘못된 습관에 있다고 지적한다.

먹는 행위에는 영양 섭취의 목적뿐만 아니라 사회적인 의미도 있다. 하지만 케이크는 축하하기 위해 먹는 것이지 보상의 수단이 아니다. 아이들이 숙제를 다할 때마다 사탕으로 보상한다면 아이들의 머릿속에는 "내가 무언가를 잘하면 사탕을 받는다" 같은 생각이 싹틀 것이다. 이런 경험이 쌓인 아이는 무언가를 잘할 때마다 사탕을 보상으로 바라게 된다. 혹은 아이가 슬퍼할 때마다 과자로 위로하면 아이의 내면에는 다음과 같은 깨달음이 자라기 시작한다. "슬퍼, 그러니까 아이스크림을 먹으면 나아질 거야."

음식과 감정이 이런 식으로 연동되면 그 연결 고리를 다시 풀기란 매우 어렵다. 그래서 나는 음식으로 주는 보상에는 결연히 반대한다. 심지어 학교에서 교사들이 과자나 사탕으로 보상하는 경우도 있는데, 물론 애정에서 비롯된 행동이겠지만 이는 장기적 관점에서 일부 아이에게 부정적 영향을 미칠 수 있다는 것을 미처 헤아리지 못한 경솔한 선택이다.

아이에게 간식을 주면 안 된다는 뜻이 아니다. 무더운 여름에는 아이스크림을 먹어야 한다. 크리스마스에는 산타클로스 모양의 초콜릿이 빠지면 서운하다. 가족이 함께 맛있는 식사를 한 뒤에는 디저트를 먹을 수 있다. 나도 아이에게 도시락을 싸줄 때 매일 곰돌이 젤리를 함께 넣어준다. 가정마다 단것에 관한 기준은 다를 수 있고 우리 집에선 젤리를 후식으로만 먹는다. 여기에서 중요한 것은 아이의 행동과 감정에 따라 그 기준이 달라져선 안 된다는 점이다.

설득:
논리적인 설득은 과연 통할까

이번에 함께 살펴볼 세 번째 선택지는 논리적인 설득이다. 우리는 "앞날을 생각해! 지금 공부를 열심히 하면 나중에 편하게 살 수 있어" 같은 말로 아이를 설득하려 할 때가 많다.

하지만 아이는 지금, 당장 공부가 하기 싫다. 어린이와 청소년은 성인처럼 미래를 내다보고 예상하지 못한다. 부모에게 5년은 아무것도 아니지만 아이에게 5년은 영원에 가까운 시간이기 때문이다.

특히 청소년들은 사춘기 때 뇌가 완벽하게 개조된다. 때로는 그 변화가 너무 급격해서 이성적인 결정이나 앞을 내다보는 선택을 내리기가 불가능할 정도다. 자신의 충동과 당면한 현실이 너무 강렬하기 때문이다.

열여섯 살짜리는 배울 시간은 앞으로 충분하다고 생각한다. '오

아이 공부, 공부 정서부터 키워라

늘이 아니어도 지금이 아니어도 언젠가는 하겠지' 하고 막연하게 생각한다. 그래서 청소년들은 미루기 선수다(제4장 참고). 만약 그런 아이를 보며 가슴이 답답하다면 그 나이에 여러분의 일과는 어떠했는지를 한번 돌이켜 보자. 과연 그때 여러분은 '언젠가' 맡게 될 생계의 책임을 실감하였던가? 잠깐의 성찰만으로도 아이를 이해할 수 있을 것이다.

그렇다고 해서 청소년이 된 자녀와 미래에 관해 대화를 나눌 수 없다는 뜻은 아니다. 함께 목표를 세우고 이를 이루기 위해 무엇이 필요한지 고민하는 대화는 매우 중요하다. 그보다 중요한 주제도 없기 때문이다. 하지만 특정 상황에서 아이에게 동기를 부여하고자 하는 술책으로 미래에 관한 구상을 들이밀어서는 안 된다.

이처럼 논리적 설득도 제대로 된 동기 부여 수단이 될 수 없다. 그럼 우리에게 남은 다른 선택지는 과연 무엇일까?

내면의 기쁨:
어떤 보상보다 강력한 힘

어렵게 생각할 필요는 없다. 인생에는 보상이나 설득 없이 그냥 해야 하는 일도 있다는 것을 어릴 때부터 가르쳐야 한다. 어렵고 지루하고 때로는 '멍청한' 일처럼 보일지라도 중요하고 필요하다면 해야 한다는 사실을 가르치는 것이다. 그리고 그런 일에는 보상을 주지 않는다. 보상보다 더 좋은 무언가를 줄 수 있기 때문이다.

아이가 처음에는 어렵고 하기 싫어서 저항했던 일을 완수하거나 성공했을 때, 나는 물질적인 보상을 주는 대신 그 기분을 만끽할 기회를 제공한다. 어렵게 숙제를 끝낸 아이에게 "그래서? 다 하고 나니까 지금 기분이 어때?"라고 묻는다. 그럴 때 "진짜 멍청해! 이딴 걸 하느라 하기 싫은 마음을 억누르고 지루하게 견뎠다니 정말 짜증이 나!"라고 답하는 아이는 없다. 아이들은 자기 자신을 자랑스러워하며 좋은 기분으로 자기가 이룩한 성공을 기쁘게 누린다. 우리는 기분을 물어보는 과정을 통해 아이들이 인생을 살아가는 데 꼭 필요한 한 가지를 가르치게 된다. 세상에는 하기 싫지만 해야만 하는 일이 있고 그걸해내기 위해서는 자신을 극복해야 한다는 것, 그리고 그렇게 애를 써서 그 일을 완수하면 마음이 기쁘고 후련하며 스스로가 자랑스럽게 느껴진다는 것 말이다. "지금 기분이 어때?"라는 질문을 받은 아이들은 내면에서 기쁜 감정을 발견한다. 나는 무언가를 해냈을 때 느끼는 이 성취감과 기쁨을 '아싸! 기분'이라고 부른다.

크고 작은 성취감을 자주 그리고 의식적으로 경험해본 아이는 어렵고 하기 싫은 도전을 쉽게 받아들인다. 처음에는 나를 넘어서느라 애를 써야 하지만 결국 나중에는 후련하고 즐거운 기분을 느낄 수 있다는 사실을 경험으로 배우기 때문이다. 이 긍정적인 기분에 관한 예상과 기대가 있으면 마음속에서는 절로 동기가 일어난다. 그리고 그렇게 스스로 부여한 동기는 외적 보상이나 압박과 위협, 혹은 논리적인 설득보다 천 배 만 배 힘이 세다. 하물며 내재적 동기는 관성에 빠지는 법도 없다. 매일 새롭게 샘솟는다.

그러므로 숙제를 다 한 아이에게는 "아싸!" 하는 탄성과 "와, 다 했어!"라는 외침이 필요하다. 이는 다음에도 숙제할 동력이 되어준다. 그래서 "내 아이에게 어떻게 동기를 부여하면 좋을까요?"라고 묻는 부모님들에게 나는 해야 할 일을 마친 아이에게 기분을 물어보라고 제안한다. 할 일을 끝내고 나니 혹은 끝내려고 애써 보니 어떤 기분이 드는지 물어보자. 아이 마음속에서 진정한 동기를 불러일으킬 방법은 오직 이것뿐이다.

동기 부여:
내 아이는 어디에서 마음이 동하는가

학습 코치인 내가 아이들에게 동기를 부여해야 할 때는 다양한 선택지를 염두에 두고 아이에 맞춰 적절하게 활용하려 애쓴다.

일단은 성장 마인드셋과 긍정적인 공부 정서를 촉진하는 언어를 일관되게 사용한다(제1장 참조). 그래서 아이가 좌절하며 "나는 이거 못해요!"라고 말할 때, 확신에 찬 말투로 이렇게 받아친다. "그래, **아직은** 할 수 없지. 그런데 노력하는 네 모습이 정말 멋져! 이렇게 애쓰는 네가 정말 좋아 보인다." 읽기만 해도 기분이 좋아지는 말 아닌가? 직접 귀로 듣는 아이에겐 더더욱 그러할 것이다.

이런 대화를 통해 나는 아이의 마음속에 스스로와 자기 능력에 관한 단단한 믿음이 자라도록 유도한다. 이 신념은 아이의 내면에서 동기를 유발하는 데 탁월한 효과를 발휘한다. 그러면 새로운 도전 앞

아이 공부, 공부 정서부터 키워라

에 자동으로 의욕이 샘솟는다. 그런 아이에겐 굳이 내가 나서서 (심하게) 동기 부여를 할 필요가 없다. 새로운 과제를 받으면 내적 신념이 저절로 동기를 불러일으키기 때문이다.

또한 아이의 마음이 움직이고 매혹되면 저절로 동기 부여가 된다. 내 역할은 마음이 움직이도록 돕는 것이다. 영어로 동기 혹은 의욕을 뜻하는 모티베이션motivation은 '움직이다'라는 뜻의 라틴어movere에서 유래되었다. '아이의 동기가 무엇인가?'라는 질문은 '무엇이 아이를 움직이게 하는가?'로 대체될 수 있다. 아이는 저마다 마음이 감동하는, 그래서 기쁨과 즐거움을 느끼는 지점이 다 다르다. 그 지점이 아주 깊이 숨어 있어서 오래 탐색해야 찾을 수 있는 아이도 있다. 하지만 얼마나 걸리든 간에 그 지점을 찾아낼 가치는 충분하다.

동기 부여와 관련해 내겐 인상 깊은 경험이 있다. 뮌헨에서 대학을 다니던 시절 나는 아르바이트로 수학 과외를 했다. 어느 날은 열여섯 살 여학생과 공부를 시작했는데, 그는 내가 살던 작은 방에 들어오자마자 코를 찡그리면서 방이 너무 작고 아무것도 없다며 불평을 늘어놓았다. 아마 그런 환경에 익숙하지 않은 것 같았다. 그리고 줄곧 이런 태도로 일관했다. 말할 것도 없이 과외 수업에는 아무런 의욕을 보이지 않았다. 나와는 눈도 마주치지 않은 채, 시켜서 억지로 왔다는 식으로 멀뚱히 앉아만 있었다. 하지만 그때 나는 이미 노련한 과외 선생이었고 학생의 불성실한 태도에도 크게 동요하지 않았다. 대신 쾌활하게 선형함수를 설명했다. 그래도 학생은 먼 산을 바라보거나 방에 제대로 된 가구가 없다고 투덜거릴 뿐 내가 하는 말은 하나도 듣질 않았다. 이해했는지 물으면 돌아오는 답은 똑같았다. "하나도 모르겠어요."

그렇게 고통 속에서 45분이 흘렀다. 나는 확인 삼아 학생에게 문제를 하나 냈다. 해리포터 시리즈에 푹 빠져 있던 때라 이야기 속 주인공으로 문제를 만들었다. 해리포터의 라이벌인 드레이코 말포이가 호그와트에서 통용되는 화폐 단위인 갈레온과 시클로 마법 책의 값을 치르는 문제였다. 그 순간 처음으로 학생이 내 눈을 쳐다보았다. 그러고는 놀라움으로 반짝이는 눈을 하고는 내게 물었다. "해리포터를 알아요?" "물론이지. 누구보다 광팬이야." 내 대답이 끝나기도 전에 학생이 다시 말을 붙였다. "아니요? 나보다 광팬은 아닐 걸요!" 그때부터 우리는 시간 가는 줄 모르고 해리포터 이야기를 나누었다. 어느 가문에 들어가고 싶은지, 어떤 장면이 제일 재미있었는지를 두고 쉴 새 없이 떠들었다.

학생은 내게 런던의 해리포터 컨셉 호텔을 방문했던 이야기를 들려주었고, 우리는 완전 광팬이 아니고선 답할 수 없는 이야기 속 시시콜콜한 에피소드를 들먹여 가며 시리즈를 향한 상대방의 애정을 테스트했다. 그날 이후 나는 그 학생에게 수업할 동기를 불러일으키느라 애쓸 필요가 없었다. 그는 매번 즐겁고 씩씩하게 내 방을 찾아와 내가 하는 모든 말에 귀를 기울였고, 그로 인해 우리 둘의 인생이 동시에 편해졌다.

지금까지도 나는 이 학생은 물론이고 그 가족들과도 친하게 지내고 있다. 물론 이 일로 아이가 갑자기 수학을 좋아하게 될 수는 없었지만 어느 정도 마음을 열었고 그 덕분에 대학 입학 시험을 무사히 통과할 수 있었다.

이 아름다운 이야기의 결론은 여러분의 아이를 움직이는 무언가를 찾아내자는 것이다. 그것이 만약 해리포터라면, 아이의 마음이 해리포터로 인해 움직인다면 수학과 해리포터를 적절히 연결하는 것만으로도 수학과의 거리를 좁혀볼 수 있으니 말이다.

아이가 등교를
거부할 때

일단 무엇이 아이를 움직이는지 알아냈다면 이를 기준으로 삼아 많은 다른 변화를 일으킬 수 있다. 내면의 동기는 때로는 아무 상관이 없어 보이는 사안에서조차 효과를 발휘한다. 그러므로 우리가 할 일은 아이의 내면에서 불을 찾아내는 것이다. 어느 날 중학생 아들을 둔 엄마가 절망적인 목소리로 내게 전화를 걸어왔다. 아이가 등교를 거부한다고 했다. 당연히 이전에도 학교에서 크고 작은 문제가 있었다. 해결되지 않은 문제가 쌓이고 쌓인 끝에 열네 살 소년은 "더 이상 안 가!"라고 소리 지르며 방문을 닫았다고 했다. 아이는 이제 제법 어른티가 날 만큼 컸다. 과연 엄마가 무엇을 해줄 수 있을까?

"애를 억지로 차에 태우고 학교 앞에서 내리라고 해야겠어요!"
아이 엄마는 경찰에 전화해서 의무 교육을 받지 않으려는 학생에게 공권력이 해줄 수 있는 일은 없는지 물어볼까도 진지하게 고민했다고 했다. 내가 보기엔 무엇이든 바람직한 해결책은 아닌 것 같았다.

당시 심리치료사와 일하고 있었던 그는 일단 몇 주는 아이를 학교에 보내지 않는 게 좋겠다는 동료의 제안에 따라 4주간 질병 결석을 신청했다고 했다. 덕분에 당장은 스트레스가 사라졌지만 엄마의 걱정은 그대로였다. "이제 어떻게 해야 할까요?"

내가 되물었다. "무엇이라도 좋으니 아이가 즐겁게 하는 일이 있나요?" "네, 온종일 컴퓨터 앞에 앉아 있어요." "게임만 하나요?" "게임을 많이 하지만 다른 것을 할 때도 있어요. 예를 들어서 짧은 동영상도 만들어요. 그런 걸 할 때는 제법 활발해 보여요." 나는 그 말에 힌트를 얻어서 엄마에게 컴퓨터공학과에 재학 중인 대학생에게 컴퓨터 프로그래밍 과외를 받아볼 것을 권했다. 부모에게 그 정도 재정적 능력은 있어 보였다.

당장 아이의 엄마는 잘 가르치면서도 친절한 대학생을 찾아서 매일 90분씩 아들에게 프로그래밍 과외를 시켰다. 과외 교사는 수업마다 숙제를 내주었고 아들은 밤을 새워가며 숙제를 했다. 아무 의욕이 없던 학교 수업과는 딴판이었다. 그리고 점점 다른 사람이 되어갔다. 당당하게 걷고 반짝이는 눈으로 상대를 바라봤으며 엄마를 대하는 태도도 친절해졌다. 과외 시간 한참 전부터 외출복을 입은 채 컴퓨터 앞에 정자세로 앉아 있기까지 한다고 했다.

과외 수업에 몰입한 상태로 3주 반을 보낸 후, 아들은 부모 앞에서 선언했다. "다시 학교에 가야겠어. 졸업하고 대학 입시를 보고 컴퓨터공학과에 갈래." 아들은 정말 다시 학교에 복귀했고 입시에서도 뛰어난 성적을 받았다. 학교생활 자체에는 정을 붙이지 못했지만, 컴퓨터공학과 진학이라는 꿈을 이루기 위해서는 졸업장이 필요했으므로 학교의 싫은 점도 기꺼이 감내한 것이다.

이것이 동기의 힘이다. 나는 특정 과목, 예컨대 외국어나 생물 혹은 음악 과목에 아무런 의욕이 없는 아이들도 많이 보았다. 성향에 따라 특정 과목에 아예 무관심한 아이들도 있기 마련이다. 그러나 그런 아이들조차 더 큰 목표를 이루려면 해야 할 일이 있다는 사실을 받아들일 수는 있었다. 그러므로 하기 싫은 일까지 할 수 있도록 아이를 움직일 그 무언가를 찾는 것이 무엇보다 중요하다.

아이에게 직업에 관한 명확한 비전이 있는지는 중요하지 않다. 앞서 언급한 학생 역시 처음부터 분명한 장래 희망을 그리며 시작한 것은 아니다. 일단은 놀이로 하던 일을 진지하게 배울 수도 있으며 자신이 재능까지 있다는 것을 경험한 다음에 컴퓨터공학을 전공하겠다는 꿈이 생긴 것이다. 그러나 학습에서 동기를 찾지 못한 아이들의 경우, 그런 경험과 깨달음을 얻는 것 자체가 어렵다. 대부분 자기가 어떤 생산적인 성과를 내고 있는지, 이를 장래에 얼마나 멋진 직업으로까지 발전시킬 수 있는지 믿음도 부족하다. 이런 상황일수록 나는 약점을 보완하려 애쓰기보다는 강점을 키우는 데 집중할 것을 권한다. 가령 여러분의 아이가 라틴어에 약하고 수학에 강하다면 수학 과외를 해야 한다(제6장 참조).

일단 수학에서 뛰어난 성적을 거두면 그 경험이 아이에게 공부를

아이 공부, 공부 정서부터 키워라

향한 의욕을 불어넣는다. 그러면 아이는 스스로 이전에는 좋아하지 않았던 과목까지 공부해서 적어도 기말고사를 통과할 정도의 수준은 맞춰보겠다는 마음을 먹게 된다. 그리스 철학자 플루타르코스Ploutar-chos는 "인간의 영혼은 채워야 할 통이 아니라 점화되어야 할 불이다"라고 말했다. 나는 그의 이 명언을 좋아한다. 지난 수년 동안 내 경험도 그와 다르지 않았다.

물론 당장 학업상 구멍을 메꾸기 위해 성적이 낮은 과목의 과외를 받는 것도 합리적인 선택이다. 하지만 나는 부모님들에게 약점을 보완할 때는 적어도 그 두 배 이상의 시간을 아이의 강점을 살리는 데도 투자할 것을 권한다. 자신의 강점을 깨닫는 것은 아이의 의욕이나 장래를 위해 더없이 중요하기 때문이다.

동기 부여를 위한 첫 번째 선택: 감정 불러일으키기

특정 상황에서 아이에게 동기를 부여하려면 어떻게 해야 할까? 이제부터 아이의 마음속에 동기를 유발하는 간단하고 구체적인 방법 세가지를 함께 알아보자. 첫 번째는 바로 감정을 불러일으키는 것이다. 공부할 의욕이 없는 아이에게 공부를 시켜야 할 때 나는 중립적이고 사실적인 과제를 제시하는 대신 정서적으로 접근하는 방법을 쓴다. 가령 영어로 그림을 묘사하는 연습을 하는 데 아이가 도통 관심이 없다면 교과서 그림이 아니라 아이가 관심을 가질 만한 그림이나 영상을 찾아본다. 즉 아이에게 강렬한 감정을 불러일으킬 그림을 찾는 것이다. 그러면 아이에게 '사진에 보이는 것은……'이라고 영어로 쓰인 문장은 이전과 전혀 다른 특별한 의미로 다가간다. 심리학자이자 내 친구인 베레나 프리데리케 하젤Verena Friederike Hasel이 쓴《춤추는 교장 선생님Der tanzende Direktor》에는 뉴질랜드 아이들이 묘사를 배우는 방법에 관한 아름다운 에피소드가 나온다. 아이들은 등교 시간 전에 해변에서 선생님을 만나 모래사장에 맨발로 서서 수평선 위로 해가 뜨는 광경을 바라본다. 그리고 환희로 벅차오른 마음을 그대로 간직한 채 교실로 돌아와서 자신들이 느끼고 인식한 것을 나타내는 형용사를 칠판에 적는다. 그리고 그 표현을 활용하여 이미지를 설명하는 방법을 배운다. 감정으로 동기를 만드는 탁월한 이 방법은 강렬한 감정을 바탕으로 배우는 만큼 아이들의 의욕도 높다.

동기 부여를 위한 두 번째 선택: 아이의 세계와 연결하기

아이들은 학교에서 배우는 내용과 일상생활을 연결하는 게 거의 혹은 아예 불가능하다. 실제로 '전문가'인 나조차 아이들이 "그런데 이걸 왜 배워요?"라고 물을 때는 똑 부러지게 대답하기 어려울 때가 많다.

그래도 나는 포기하지 않고 가능한 한 아이의 삶과 공부를 연결하려고 노력한다. 예를 들어 아이가 백분율 계산을 배울 때는 "네 핸드폰 배터리는 몇 퍼센트 남았니?"라고 물어본다. 이처럼 실생활과 배움을 연결하면 그 유명한 '아하경험aha experience'(유레카 효과라고도 한다.-옮긴이)이 일어나서 '백분율 계산을 한 번 더 해볼까?' 하는 의욕이 아이 마음에 생긴다. 논설문 쓰는 연습을 할 때는 인스타그램 스토리를 적극적으로 활용한다. 아이들이 선호하는 세계에 나도 관심이 있다는 것을 표현하는 것이다. 어린이 혹은 청소년들과 함께 공부하

아이 공부, 공부 정서부터 키워라

려면 **흥미롭게 보이는 것이 아니라 관심을 보이는 것**이 중요하다.

내가 진심으로 관심을 드러내며 질문할수록 아이들도 내가 하는 말에 점점 더 귀를 기울이는 게 느껴진다. 그렇게 나는 그들의 관심을 얻는다. 이처럼 아이들 세계와의 연결은 곧 동기 부여가 된다.

동기 부여를 위한 세 번째 선택: 몸으로 해보기

인스타그램에서 나를 팔로우하는 사람들은 왜 이 좋은 방법이 이제야 나오는지 의아해할 수도 있다. 몸으로 하는 경험은 내가 하는 작업의 핵심이자 내가 아이들과 협력하는 데 성공할 수 있었던 주된 이유 중 하나다. 만약 여러분이 집에서 이 방법을 적용해본다면 자녀와 함께 성공을 맛볼 수 있을 것이다.

학습 자료를 감정과 연결하거나 실생활과 관련성을 찾는 것으로 충분한 학습 의욕을 불러일으킬 수 없다면 신체 활동이 최후의 수단이다. 숙제가 어렵고 지루할 때 바깥으로 나가 아스팔트나 돌바닥에 분필로 쓰며 하는 숙제는 전혀 다른 차원의 활동이 된다. 이 방법의 효과는 나이를 가리지 않는다. 이 세상에 분필이나 지워지는 크레용, 보드 마커로 해결하지 못할 숙제는 없다. 코로나 감염증의 대유행으로 모두가 집 안에 머물러야 했던 시절, 나는 유리창을 칠판처럼 활용해 보드 마커를 가지고 숙제하는 방법을 권했고 부모들은 아이들의 빛나는 눈동자를 보는 게 얼마 만인지 모르겠다며 그 광경을 찍은 사진을 수천 장 보내왔다.

단어를 외울 때는 레고 블록에 메모지를 붙이거나 집안 살림살이에 직접 써보는 방법도 있다. 또는 땅바닥에 사방치기판을 그려놓고 칸마다 구구단이나 동사 어근의 변화 혹은 형용사의 변형을 연습하는 것도 좋다. 이 방식이 통하지 않는 문제나 연습은 없다. 신체 활동은 그 자체로 동기 부여가 된다. 자세한 내용은 제8장 실전: 숙제를 쉽게 하는 비결에서 소개하는 '책상에서만 숙제하란 법 있나요?(193쪽)' 내용을 통해 몸을 움직이며 배우는 다양한 사례를 확인하고 참고하길 바란다.

결론:
염려하지 마세요, 곧 좋아질 거예요

자녀가 의욕을 잃으면 부모는 절망에 빠진다. 나는 그 기분을 백분 이해한다. 입이 닳도록 잔소리를 해야 비로소 마지못해 책상 앞에 앉거나, 심지어 학교에 안 가겠다고 버티는 아이를 보면서 부모는 애가 탄다. 하지만 그럴 때 아이를 압박하거나 겁을 주거나 얄팍한 보상을 주거나 논리적으로 따져서 성급하게 설득하려 들면 절망적인 상황은 더욱 나빠진다. 하지만 이를 깨닫는 것만으로도 문제의 절반은 해결된 것이나 다름없다. 그리고 내 아이에게 적절한 동기 부여 수단을 골라서 적용하면 나머지도 점점 풀리기 시작할 것이다. 무엇이 아이의 마음을 동하게 하는지는 금방 눈으로 확인된다. 진짜 동기를 찾은 아이는 표정과 행동부터 달라진다. 그러니 이제는 좋아질 일만 남았다.

아이 공부, 공부 정서부터 키워라

제4장

공부를
힘들게 하는
상황을 통제하자

미루면 미룰수록
미루는 게 좋아진다

ㅕ

아마도 여러분은 공부와 학교생활을 힘들어하는 자녀 때문에 이 책을 읽고 있을 것이다. 아이의 공부를 힘들게 하는 대표적인 요인으로는 바로 질질 끌거나 한없이 미루는 버릇을 꼽을 수 있겠다. 일상에서 흔히 접하는 상황 아닌가.

툭 까놓고 말해보자. 누구에게나 한참 전에 해치웠어야 하는데 여전히 뭉개고 있는 일이 적어도 열 개쯤은 있을 것이다. 그것은 우체국에서 부쳐야 할 편지일 수도 있고, 진작 수선집에 가져갔어야 했던 망가진 구두일 수도 있고 혹은 연말 정산용 서류일 수도 있다. 이처럼 미루기는 정상적이고 인간적인 행태다. 하지만 그 결과의 경중에 따라 종류를 구분할 필요가 있다.

하나는 불편하긴 하지만 치명적이지는 않은 결과를 낳는 미루기다. 기껏해야 주차위반 벌금 내는 일을 미루다가 과태료를 내는 정도다. 다른 하나는 그 결과가 매우 위중하여 부정적인 영향이 인생 전체를 지연시키는 미루기다. 나는 어린이와 청소년의 마음을 더욱 잘 공감하고 그들을 이해하기 위해서는 부모들이 먼저 미루기의 정체부터 분명히 알아야 한다고 생각한다.

아이에 따라 미루기 성향에는 차이가 있다. 같은 일이라도 어떤 아이는 좀 더, 또 어떤 아이는 좀 덜 미룬다. 하지만 기본적으로 미루기는 학습된 행동이며, 불행하게도 경험이 쌓일수록 그 성향이 강화된다. 그러니 부모가 이런 사실을 알아야 아이의 미루기를 이해하기가 수월해진다.

아이는 절제와 노력이 필요한 숙제나 활동을 불쾌하게 여긴다. 그런데 이를 미루면 일시적으로나마 불쾌감에서 피하게 된다. 그리고 내면에는 (단기적) 쾌감이 샘솟는다. '스트레스가 사라졌어! 더 이상 하려고 애쓰지 않아도 돼!' 이처럼 긍정적 기분을 경험한 아이의 내면에서는 미루는 성향이 점차 강해진다.

불쾌한 기분을 느끼게 하는 숙제를 피할 뿐만 아니라 대체한 다른 행동에서 즐거움까지 느낀다면 미루기 성향은 배로 강화된다. 예컨대 숙제 대신 유튜브를 보거나 컴퓨터 게임을 하거나 여자 친구와 통화를 하고 나면 신속하고 확실하게 긍정적인 기분을 느끼게 된다.

이렇게 강화 과정을 이중으로 거친 뒤라면 아이는 무언가를 미룰 때 기분이 좋아지는 지경에 이른다. 미루면 미룰수록 미루는 게 좋아진다. 골치 아픈 일은 피하면 되므로 굳이 애쓸 필요가 없다고 생각한다.

물론 두어 시간만 지나면 할 일을 미루었다는 데서 양심의 가책을 느낀다. 미룬다고 해서 할 일이 줄어들거나 해결되는 일 같은 건 없다는 사실을 (놀랍게도!) 그제야 깨닫는다. 이제는 시간의 압박까지 생겼다. 그럼에도 불구하고 이때 한 번 더 미루면 긍정적인 감정은 한층 더 강해진다. 힘든 상황을 피하는 데 다시 한번 성공했다는 기분을 느낀다. 이렇게 한 번 시작된 미루기는 끝없이 반복되며 전형적인 악순환을 불러일으킨다.

이런 식으로 미루기를 하는 아이들은 이제부터 설명할 두 가지 유형으로 나눌 수 있다. 각 유형을 자세히 살펴보기로 하자.

미루기의 두 가지 유형:
1. A 유형

▲

....

A 유형은 모든 일을 하염없이 미루다가 기한이 임박했을 때 벼락치기로 해치우는 타입으로 결과물만 두고 봤을 땐 성과가 나쁘지 않다. 만약 여러분의 아이가 이 유형에 속한다면 시험공부는 전날 저녁에 시작하고, 발표가 있으면 으레 밤을 새우고, 포스터 그리기 숙제는 아침에 후다닥 해치우는 게 이미 습관이 되었을 것이다. 여러분의 아이가 이런 방식으로 성공한다면, 즉 시험에서 좋은 점수를 받거나 우수한 성과를 낸다면 부모가 개입해서 할 일은 거의 혹은 아예 없다고 본다. 언젠가는 반복되는 끔찍한 스트레스 상황에 짜증이 난 아이가 스스로 일하는 방식을 근본적으로 되돌아보고 시험공부나 과제를 좀 더 일찍 시작하기로 마음먹게 될 것이기 때문이다. 아니면 자기는 스트레스가 최고조일 때만 우수한 성과를 낼 수 있는 사람이라는 사실을

운명으로 받아들이고 그 상황에 안주할 수도 있다.

나는 대학교 1학년 2학기 때 비슷한 경험을 한 적이 있다. 수강 중인 여덟 개 과목의 학기말 시험을 한 달 앞두고 친구로부터 〈트와일라잇〉 시리즈를 선물 받았다. 그로부터 3주 동안 나는 뱀파이어 세계에 살았다. 시험이 코앞으로 다가올 때까지 단 1초도 전공책을 들여다보지 않았다. 하지만 뱀파이어 세계를 헤매는 동안에도 마음 한 구석에서는 양심의 가책이 눈덩이처럼 불어나고 있었다.

결국 시험 일주일 전부터 나는 매일 밤을 새워야 했다. 하루에 16시간씩 시험공부를 했다. 사실 사람이 하루에 16시간을 공부한다는 것은 불가능에 가까운 일이다. 집어넣는 것은 될지 몰라도 그렇게 집어넣은 지식을 머릿속에 간직하는 것은 불가능하다. 하지만 어찌되었든 나는 모든 시험을 매우 좋은 점수로 통과했다. 그리고 그 대가로 심한 편도염을 앓았다.

내 경우에서 알 수 있듯이 사람들은 할 일을 미루는 중에도 양심의 가책을 느낀다. 때로는 그 과정에서 깨달음을 얻기도 한다. 하지만 누구나 그러는 건 아닌 만큼 관찰자인 부모가 그 상황을 지켜만 보기란 쉽지 않다.

특히 미루기 성향이 아예 없거나 적은 부모들은 자기 아이가 필수 과목 과제를 몇 주씩 미루기만 하는 꼴을 그대로 보고 넘기기가 어렵다. '어째서 이 아이는 연습 문제를 매일 한 장씩 풀지 않는 걸까?' 하지만 나는 수많은 유형의 아이들을 다루었고, 그 결과 A 유형은 일정한 나이가 될 때까지는 그 어떤 동기 부여 수단이나 경고도 통하지 않는다는 결론에 이르렀다. 스스로 깨닫기 전까지는 다른 사람이 아무리 충고하고 조언해도 소용이 없다. 하지만 이 유형은 문제를 인식한 순간부터 좋은 열매를 맺는다.

훨씬 골치 아픈 경우는 다음의 B 유형이다. 그 이유를 알아보자.

미루기의 두 가지 유형:
2. B 유형

B

만약 아이가 숙제를 계속 미루다가 제출할 날짜가 되어서도 제대로 마무리하지 못한다면 혹은 시험이 코앞인데 벼락치기는커녕 시험을 망칠지 모른다는 불안에 사로잡혀 바짝 얼어 있다면 그때는 부모가 반드시 개입해야 한다.

아이의 학업 전체가 위험에 처해 있기 때문이다. 나는 자녀가 불행으로 걸어 들어가는 것을 부모가 뻔히 지켜만 봐선 안 된다고 생각한다. 물론 내 의견에 이렇게 반박하는 부모들도 있다. "애가 계속 그렇게 꾸물거리면 나는 위험해지든 말든 내버려둘 거예요. 스스로 해결해야 할 문제니까요." 나는 이런 태도가 무정하고 잔인하다고 생각한다. 부모가 자녀를 위해 무엇을 해주어야 하고 어떤 사람이 되어주어야 하는지에 관한 나의 견해와도 상반된다. 물론 부모가 충고하거나 도와주려고 할 때 자녀들은, 특히 청소년기 아이들은 짜증으로 반응하곤 한다. 그러나 동요할 것 없다. 내 경험을 보건대 시간이 지난 후 내가 가르친 학생들은 하나같이 부모님과 학습 코치인 내가 자신을 포기하거나 불행 속에 방치하지 않았다는 사실에 진심으로 감사했다.

성장 과정에서는 언제든 힘든 시절이 찾아오곤 한다. 그때는 전두엽이 정상적으로 작동하는 성인이 아이 뒤를 돌봐주고 더 큰일이 불거지지 않도록 통제해야 한다. 학교 시험을 앞두고 아무것도 하지 않는 것은 아이에게 절대 일어나선 안 될 상황에 속한다.

그러므로 여러분의 자녀가 B 유형이라면, 그래서 무언가를 시작하기 힘들어하고 제출 기한이 코앞인데 어디에서부터 손쓸지 모르는 기색이라면 다음 몇 가지 방법으로 도움을 줄 수 있다.

첫 번째 방법:
지금 바로 시작 그리고 5분 트릭

일단 "지금 바로 시작!"을 외치자. 여기에서 말하는 지금이란 말을 내뱉은 바로 그 순간이다. 아이와 대화를 좀 더 나누고, 학습 플래너에 할 일을 적고, 숙제 시간을 정하거나, 스페인어 문법 복습을 얼마나 하면 좋을지 계획을 세우는 대신 지금, 여기에서 시작하는 것이다.

'지금 바로 시작!'을 외쳤다면 진짜 그때부터 시작해야 한다. 5분 안에? 땡! 조금 있다가? 땡! 이따가 저녁 먹고 나서? 땡! 그냥 여기에서 스마트폰이나 책은 옆으로 치우고 일단 시작한다. 물론 이렇게 하려면 아이의 자제력이 따라줘야 한다.

그럴 만한 자제력이 있는지 의심되는 경우라면 5분 트릭(14세 이상은 10분 트릭)을 권한다. 공부하기 싫어하는 아이를 '5분만'으로 설득하는 단순한 기술이다. "좋아, 이건 네가 정말 싫어하는 주제지. 미치도록 어렵고 하기 싫어서 무서워하는 것도 이해해. 하지만 5분 동안은 참고 할 수 있어. 지금부터 우리는 타이머를 5분에 맞출 거야. 그리고 이때만큼은 모든 힘을 다해서 이 문제를 풀자. 5분이 지난 다음에도 끔찍한 기분이 계속되면 딱 거기서 멈출 거야. 약속할게." 당연히 이 약속은 철저하게 지켜져야 한다.

내 경험상 95퍼센트의 어린이가 5분 혹은 10분이 지난 후에 고개를 흔들며 이렇게 말한다. "아니야, 좀 더 할 수 있어." 심지어는 40분이 넘도록 집중해서 숙제를 다 해놓고는 스스로 깜짝 놀란 아이도 있었다.

자제력을 기르는 이 트릭은 놀라울 만큼 유용하며 나중에 어른이 되어서도 써먹을 수 있는 멋진 도구다. 영수증 정리가 귀찮을 때, 다림질이 하고 싶지 않을 때 자신에게 '5분만'이라고 속삭여 보자. 대개는 그 5분이 한 시간이 된다. '5분만'은 미루는 습관이 강화되는 것을 막고 악순환을 깨뜨리는 강력한 도구다.

두 번째 방법:
과제 쪼개기

우리는 할 일이 거대한 산처럼 보일 때 미루는 편을 택한다. 결코 이룰 수 없을 것 같은 목표를 우리는 불쾌하다고 여긴다. 책을 쓰자는 제안에 내가 엄두를 내지 못하자 담당 편집자는 이렇게 말했다. "책을 쓰겠다고 마음먹지 마시고 한 페이지씩 계속 쓰겠다고 생각하세요."

학교에 다니는 아이들도 거대한 산 앞에 설 때가 있다. 몇 주 동안 라틴어 숙제를 미뤄서 암기할 단어가 산더미처럼 쌓였거나, 수학에 빈틈이 생겨서 수업에 따라가지 못할 때가 그렇다. 또는 발표나 어려운 시험을 앞둔 아이들도 큰 산 앞에 선 기분을 느낀다. 이런 경우 나는 부모들에게 일단은 자녀의 입장에 공감할 것을 당부한다. 화학 시험을 앞둔 여러분 자녀의 기분은 1년 치 세금 신고를 앞둔 어른들의 기분만큼이나 두렵고 불쾌하다.

그런 아이들에게 우리가 어른으로서 줄 수 있는 도움은 전체적인 개요를 보여주는 것이다. 큰 과제는 아이가 접근하기 쉽도록 작게 쪼개서 부분으로 제시해주어야 한다. 그럴 때마다 내가 즐겨하는 농담이 있다. "코끼리를 어떻게 먹지요? 한 입씩."

가끔 "아무것도 안 해!"라며 도리질하는 아이를 맡곤 하는데 그럴 때면 나는 과제를 우스울 정도로 작은 조각으로 만들어버린다.

예를 들어 책 한 권을 요약하는 숙제를 해야 한다고 치자. 일단 포스트잇을 가져와서 첫 번째 장 뒷면에 '76쪽 펴서 읽기'라고 쓴다. 두 번째 장 뒷면에는 '형광펜을 들고 핵심 단어 밑줄 치기'를, 세 번째 장 뒷면에는 '누가, 언제, 무엇을, 어디서, 어떻게, 왜를 사용하여 소개 문장 작성하기'를 쓴다. 이렇게 계속 포스트잇에 적어 쪼갠다.

과제 완성까지 필요한 모든 과정을 포스트잇에 쓴 다음, 순서대로 한 장씩 벽이나 책상 위에 붙인다. 작게 나눠진 단계에 관한 메모는 뒷면에 썼기 때문에 일단 아이 눈에는 깨끗한 포스트잇으로 가득찬 벽만 보인다. 아이는 아무것도 없는 메모지 앞에서 큰 두려움을 느끼지 않는다. 작게 쪼갠 과제들 사이에는 장난삼아 '일어나서 사과주스 가져오기'나 '스쿼트 열 번 하기' 등의 조커를 집어넣을 수도 있다.

아이가 포스트잇 방식에 익숙해져서 혼자서도 잘할 수 있을 때까지는 전체 과정을 완수할 수 있도록 부모가 반드시 곁에서 응원하며 지켜봐 주어야 한다. 바쁘더라도 시간을 내야 하며 이 시간은 결코 헛되지 않을 것이다. 미루기 습관에서 벗어나는 유일한 방법은 긍정적인 극복 경험이기 때문이다. 그런데 그 습관이 깊이 박혀 있을수록 극복은 더디다. 그러므로 아이가 시작하는 단계에 있다면 부모가 시간과 정성을 들여 도와줄 필요가 있다. 그 결과가 이상적이라면 아이는 어느 순간 과제를 자신이 소화할 수 있을 만한 크기로 나누는 법을 터득하게 될 것이다.

세 번째 방법:
공부 시간은 빠듯하게

만일 내가 14시간 안에 어떤 일을 완수해야 한다면 나는 그 일에 14시간을 쓸 것이다. 하지만 그 일을 1시간 만에 완수해야 한다면 (대부분의 경우에는) 1시간만 쓰고도 그 일을 해낼 수 있을 것이다. 여기에서 얻을 수 있는 교훈은 아이의 공부 시간 혹은 숙제 시간은 빠듯한 게 좋다는 것이다. 오후 혹은 저녁 내내 시간을 쓸 수 있다면 아이는 할 일을 미룰 확률이 높다.

그래서 나는 부모와 어린이 혹은 청소년들과 상담할 때 공부는 오후 5시부터 7시까지만 할 수 있도록 정하도록 권한다. 그 외 시간에는 공부를 허락하지 않는다. 시간 규칙을 엄격하게 정하고 적용할수록 이 방법은 효과적으로 작용한다. 이 말은 곧 아이가 다음 날 프랑스어 단어 시험이 있다면서 밤 10시에 암기를 시작한다면 그 손에서

아이 공부, 공부 정서부터 키워라

단어장을 빼앗아야 한다는 뜻이다. 그러기 위해서는 먼저 부모가 이 방법에 확신을 가져야 한다. 그 확신은 분명 제대로 된 보답으로 돌아올 것이다.

처음엔 아이가 부모를 원망할 수도 있겠지만 지속적으로 그 규칙을 지키다 보면 어느새 아이는 정해진 시간 안에 할 일을 마쳐야 한다는 사실을 배우게 된다. 무엇보다 이 방법이 좋은 이유는 "제발 공부 좀 해!" 같은 잔소리나 할 일을 미루고 놀고 있다는 양심의 가책 없이 가족과 편안하게 나머지 시간을 즐길 수 있기 때문이다.

일반적으로 나는 하루에 1시간 30분을 정해놓고 부모와 자녀가 함께 책상에 앉아 집중적으로 공부할 것을 권한다. 공부 시간은 아이의 학년에 따라 달라질 수 있다. 이 시간에는 제발 부모도 서류 정리나 주간 계획서 작성이나 이메일 답신 등 자기 일을 집중적으로 하길 바란다. 공부하는 아이 옆에서 스마트폰을 들여다보는 것은 추천하지 않는다. 일하는 중이라고 해도 시야에 스마트폰 화면이 들어오는 순간 아이의 주의력은 흐트러진다.

이렇게 정해진 시간에 공부하고 나면 다른 시간에는 절대 공부나 숙제를 하지 않는다. 실제로 이 방법을 경험해보면 단 며칠 만에 아이의 저항은 줄어들 것이다. 아이는 예전보다 짧은 시간 안에 많은 일을 해낼 것이다. 특히 하염없이 미루고 있을 때보다 훨씬 많은 것을 해낼 것이다.

공부 시간을 단축하는 전략은 대부분 잘 통하고 좋은 성과를 낸다. 가령 1시간 30분 안에 단어를 열 개씩 외우고 학교 숙제도 다 해치운다. 그러면 부모들은 기준을 높이기 시작한다. 이렇게 잘하면 한참 남은 시험공부도 미리 할 수 있지 않을까? 2주 후에 배울 단원이지만 미리 예습시켜볼까? 하지만 욕심을 부리는 순간 공든 탑은 무너진다.

　　제발 과거를 기억하자. 우리는 완전한 무기력과 하염없는 미루기 상태에서부터 벗어나 지금에 이르렀다. 그러므로 현재 이룬 것을 대단한 성공으로 여길 뿐만 아니라 실제로도 성대하게 축하해주어야 한다. 아이가 미래를 바라보며 성실하게 배우는 '학습 자아'를 계발하기를 원한다면 우선 아이의 내면에 진정한 자부심과 "나도 할 수 있어!"라는 확신이 강고하게 뿌리내리도록 해야 한다.

　　나는 "실행하는 것이 완벽한 것보다 낫다"라는 이 말을 크게 써서 벽에 붙여놓을 정도로 좋아한다. 그러므로 일단은 성공을 축하하자. 그리고 당장 효과가 나타났다고 해서 더 많은 것을 요구하지는 말자.

네 번째 방법: 진솔한 대화

미루기의 해결책으로 입증된 마지막 방법은 미루는 습관에 관해 반복적으로 그리고 적극적으로 대화하는 것이다. 예를 들어 저녁 식사 시간에 여러분이 먼저 오랫동안 미뤄놓은 일에 관한 이야기를 꺼내보자. 얼마나 오래 미뤘고 그래서 얼마나 짜증이 났으며, 그 스트레스가 어떻게 커졌는지를 솔직하게 털어놓는 것이다. 대화는 거의 포기할 뻔했지만 용기를 내어 시작해보니 막상 생각보다는 힘들지 않았다는 것으로 마무리해야 한다. 그리고 여러분이 미루기의 악순환에 빠질 때마다 어떻게 벗어나는지를 덧붙이자.

말하는 중간중간에는 "어렵지만 나는 할 수 있었어"라는 말을 반복해주는 게 좋다. 나는 나 자신과 아이들을 향해 "네 강력한 변명보다 강해져라!"라는 말을 주문처럼 외운다.

미국 작가이자 시민운동가인 마야 안젤루Maya Angelou는 "꿈은 노력하지 않으면 이루어지지 않는다"라고 말했다. 꿈에 관해 이보다 솔직한 말은 없다.

결론:
자기 관리가 중요하다

미루기 성향을 다루는 법은 배울 수 있다. 이를 자기 관리self-manage-ment 혹은 자기 조절self-regulation이라고 부른다. 하지만 자기 관리법을 가르치는 학교는 아예 혹은 거의 없다. 자기 관리가 기본으로 되어 있어야 훗날 더 어려운 공부도 도전적인 일도 할 수 있는 법인데 학교가 이 중요한 능력에 관심이 없는 것은 안타까운 노릇이다.

나는 아이를 처음 맡게 되면 수학 문제를 잘 이해했는지 뿐만 아니라 스스로 학습할 수 있는 능력이 있는지도 중요하게 보살핀다. 단계적인 목표를 설정할 줄 아는가? 시간 관리를 잘 하는가? 다시 말해 숙제에 필요한 시간을 예측하고 그에 맞춰 미리미리 시작할 수 있는가? 동기 유발 방법을 알아서 정해진 시간에 과제를 시작하는 데 능숙한가? 무언가가 잘 안될 때는 어떤 반응을 보이는가? 실수를 했을 때는 어떻게 반응하는가?

아이들이 학교에서도 자기 관리와 자기 조절을 배울 수 있으면 좋겠다. 현재는 학년마다 이틀 정도를 내어서 '공부하는 법 배우기' 같은 특강을 하지만 이 정도로는 턱없이 부족하다. 하나의 과목으로 꾸준히 가르쳐야 아이들이 실생활에서 쓸 수 있는 기술로 배울 수 있기 때문이다. 혹시 이 중요한 주제를 더 알고자 하는 사람이 있다면 오스나브뤼크대학교 교육학과 교수인 페르디난트 슈테브너Ferdinand Stebner의 연구를 찾아 참고하길 바란다.

제5장

매력적인
목표를
세우자

목표 설정은 중요하다

직업의 세계는 목표 없이 돌아가지 않는다. 적어도 전문적인 분야에서는 그렇다. 목표 없는 회의도 목표 없는 계획도 없다. 여기에서 알수 있는 한 가지는 목표가 큰 도움이 된다는 것이다.

수많은 심리학 연구도 목표가 중요하다고 강조한다. 내면에 내가 지금 어디로 향하고 있는지를 알려주는 나침반이 있으면 일을 잘하는데 도움이 된다. 여러분도 한 번쯤은 직업적으로나 개인적으로 장기적인 목표를 세워본 경험이 있을 것이다. 때로는 연초에 불가능해 보였던 목표들이 연말에는 다 이루어진 것을 보고 놀라움과 기쁨을 동시에 느껴본 적도 있을 것이다.

당연히 나도 매년 목표를 세운다. 해가 바뀔 무렵이면 남편과 마주 앉아 지난해에 세운 목표를 점검하며 우리가 이룬 성과를 축하한다. 그리고 새해에 이루고자 하는 새로운 목표를 세운다. 내일, 다음 주 혹은 다음 달에 나는 무엇에 집중할 것인지, 내게 진정으로 의미 있는 일은 무엇이며 삶의 다양한 영역에서 내가 이루고자 하는 것은 무엇인지를 고민하고 기억하는 것은 삶에서 매우 중요한 부분이다.

그런데 학교에서는 목표 설정을 전혀 중요하게 다루지 않는다. 수업을 시작하기에 앞서 학생들에게 수업의 목표를 알려주는 교사는 거의 찾아보기 어렵다. 교사 교육 세미나에서는 목표의 중요성을 설파하지만 실제로 현장에서 적용되는 경우는 드물다.

하지만 나는 학생들에게 짧게는 45분, 길게는 90분을 가만히 앉아서 수업을 듣거나 활동에 협조하라고 요구하면서 그 일의 구체적인 목표를 알려주지 않는 것은 무례하다고 생각한다. 직장에서는 이런 일이 없다. 나는 직장의 회의에서보다 학교 수업에서의 목표 설정이 더욱 중요하다고 생각한다. 그러므로 항상 수업 전에 목표를 세우고 학생들에게 설명한다.

수업을 시작하면 나는 일단 칠판에 이렇게 쓴다. "오늘의 목표: 피타고라스의 정의를 알아보고 공식을 적용해보자."

칠판을 본 아이들은 대체로 "뭐라고요? 저는 못해요!" 같은 반응을 보인다. 피타고라스를 처음 들어보았으니 당연한 반응이다. 그래서 나는 이렇게 답한다. "그래, 아직은 못하는 게 맞아. 내가 설명해줄게. 그리고 확실하게 이해될 때까지 여러 가지 연습도 해볼 거고. 배우려고 노력하면 적어도 부분적으로는 목표를 이룰 수 있을 거야. 우리에겐 배울 기회가 있잖아. 일단 한번 해보자!"

자기 평가
나무

90분의 수업이 끝나면 나는 목표에 관한 평가를 진행한다. 학생들에게 칠판에 적힌 수업 목표 아래에 작은 표시를 그려보라고 말한다. 아이들은 휴식을 취하기 전에 잠시 칠판으로 나와서 다음 네 가지 중 자신의 학습 진행 상황을 나타내는 표시를 골라 그린다.

- 새싹: "목표로 삼은 내용에 어렴풋이 감을 잡았다."
- 나뭇잎 두 장: "부분적으로 몇 가지를 이해했다."
- 활짝 핀 꽃과 나뭇잎 여러 장: "분명하게 이해한 기분이 든다."
- 나무: "모두 이해했고 완벽하게 적용할 수 있다."

교사에게 이보다 더 이상적인 수업 피드백은 없다. 완전히 자란 나무에 이른 아이는 몇 명이고 이제 막 싹을 틔운 아이는 몇 명인지 한눈에 확인할 수 있으므로 한 반에서 목표를 달성한 비율이 어느 정도 되는지를 간파할 수 있다. 또한 다음 수업을 어떻게 진행해야 할지 정확한 판단도 내릴 수 있다. 그리고 무엇보다 이 작업을 통해 학생들은 자기 평가의 경험을 얻는다. 내 경험으로 미루어볼 때 어떤 학생은 자기가 실제보다 잘한다고 평가하고 또 어떤 학생은 실제보다 못한다고 평가한다. 그래서 나는 종종 이 문제를 어떻게 해결할 수 있을지 고민하곤 하는데, 아무리 생각해도 유일한 길은 자신과 타인의 인식을 비교하는 경험을 통해 균형 감각을 기르는 것뿐이다.

나는 목표를 설정하고, 그것을 이루려고 노력하고, 얼마나 가까이 다가갔는지를 편한 마음으로 되돌아보다 보면 결국은 훨씬 빠르면서도 효과적으로 배우게 된다고 확신한다. 구체적인 증거는 없다. 증거를 만들려면 수업 중에 목표를 세우지 않으면 어떻게 되는지를 알아야 하는데 나는 목표 없이 수업한 적이 없기 때문이다. 사실 나는 목표 없이는 아무 일도 하지 않는다. 대화해야 할 분명한 목적이 없으면 전화도 걸지 않는다.

나와 함께 공부하는 학생들은 언제나 목표를 제시하는 나의 수업 방식에 고마워한다. 목표는 방향과 체계에 관한 정보를 제공한다. 그리고 방향과 체계는 학습에 필요한 기본 조건에 해당한다(이에 관해서는 뒤에서 자세히 설명할 것이다). 이 기본 조건이 충족되어야 효과적인 학습이 가능하다.

내 경험이 여러분에게도 맞을지 확인할 수 있는 유일한 방법은 여러분이 직접 시도해보고 이 방법이 제대로 작동하는지를 점검하는 것이다. 따라서 목표를 설정하는 데 활용할 수 있는 도움이 될 만한 다양한 방법을 알아보고자 한다.

목표 설정을 위한
PPP 원칙

PPP는 개인personal, 현재present, 긍정positive의 조어다. 이를 바탕으로 만들어진 목표는 한층 매력적이고 효과적이다. 예를 들어 "에세이 한 편을 쓸 수 있다"는 아이에게 자기와 상관없는 목표로 들리기 쉽다. 이를 "나는 에세이 한 편을 쓸 수 있습니다"라고 바꾸면 목표에 개인성이 더해져서 아이의 관심을 끌 수 있다. 길게 설명할 것도 없이 두 문장을 본 순간 여러분도 차이를 느낄 수 있을 것이다.

"나는 영어로 말할 수 있다"라는 문장은 문법적으로 올바르지만 강한 인상을 주는 목표는 아니다. 목표를 먼 미래로 표현하기 때문이다. 같은 목표를 현재 시제로 표현하여 "나는 영어로 잘 말한다"라고 쓰면 효과가 올라간다. 목표를 이미 달성한 것 같은 기분이 들기 때문이다.

PPP의 마지막 P는 '긍정'이다. 우리의 뇌는 부정을 잘 처리하지 못한다. 그러므로 부정형으로 표현된 목표는 좋은 효과를 내기 어렵다. 예컨대 "나는 나눗셈 문제를 풀 때 실수하지 않겠다"보다는 "나는 나눗셈 문제를 모두 맞히겠다"가 훨씬 힘센 목표가 된다.

목표를 설정할 때는 PPP 원칙만큼이나 측정 가능성을 중요하게 고려해야 한다. 측정할 수 없는 목표를 세우면 달성 여부를 확인할 길이 없으므로 목표 설정에 있어서 측정 가능성은 매우 중요한 원칙이다. 측정 가능성이 보장된 **똑똑한** 목표를 세우는 데 도움이 되는 스마트SMART 원칙에 관해서도 함께 알아보자.

스마트한
목표 설정

SMART는 정확한 목표를 설정하기 위한 다섯 가지 원칙, 즉 상세한 specific, 측정 가능한measurable, 매력적인attractive, 현실적인realistic, 시간 제한적인time-bound의 앞 글자를 딴 조어다.

상세한 목표를 설정하기 위해서는 자신이 이루고 싶은 것이 구체적으로 무엇인지를 스스로에게 물어봐야 한다. "학교 공부를 좀 더 열심히 해야지!" 같은 목표는 상세하지 않으므로 효과가 작다. 또한 너무 모호해서 목표로서 무의미할 수도 있다. "매일 수학을 10분씩 공부해야지!"라고 구체성을 더하면 훨씬 강력한 목표를 세울 수 있다.

측정할 수 있는 목표를 세우기 위해서는 목표 달성 여부를 어떻게 측정할 수 있는지도 고민해야 한다. "매일 단어를 더 많이 외우겠다!"보다는 "매일 단어를 다섯 개씩 외우겠다!"가 측정 가능성이 높은 목표다. '더 많은'이란 목표는 아무리 애쓴다 한들 다다를 수 없는 부담스러운 목표로만 느껴진다. 하지만 '매일 다섯 개'는 누구나 도전할 수 있는 매우 **매력적인** 목표다. 여기에서 관건은 아이가 자신과 관련이 있고 중요하다고 생각하는 목표를 세우는 것이다. 아무 매력이 없는 목표에 전력을 다할 사람은 아무도 없다. 따라서 특정한 일이나 목표에는 왜 해야 하는지를 정확하게 설명해주는 것이 중요하다. 아이가 자신의 목표라고 생각하지 않는다면 결국엔 달성할 가능성이 매우 낮기 때문이다.

현실적인 목표를 세우기 위해서는 현실적으로 내 일상에 적용할 수 있는 목표가 무엇이고, 그 정도가 얼마만큼인지를 자문해야 한다. 현실성을 놓고 볼 때 하루에 단어 '30개'보다는 '5개'가 낫다. 일단은 달성할 수 있는 목표를 세우는 것이 좋다. 어떤 이유에서든지 지난 몇 주 동안 숙제를 한 번도 안 하던 아이가 갑자기 "오늘부터 하루에 세 시간씩 공부할 거야!"라고 다짐하는 것은 비현실적이다. 과한 목표다. 매일 단어를 30개씩 외우거나 매일 몇 시간씩 수학 공부를 하겠다는 목표도 현실에 안 맞다.

시간 제한을 둔 목표를 세우기 위해서는 언제까지 그 목표에 도달하길 원하는지도 고민해야 한다. 특히 어떤 학습 수준에 도달하겠다는 목표에는 반드시 시간 제한을 두어야 한다. 예를 들어 "8월 12일까지 수행평가 숙제를 끝마치겠어!"처럼 정확한 날짜를 명시할 수 있다면 더할 나위 없이 좋다. 일일 목표의 경우에는 시간을 지정할 수도 있다. 기한이 정해지면 자연스레 마음은 급해진다. 시간이 무한히 주어진다면 무한한 시간이 필요하겠지만 '다음 주까지만' 주어지더라도 해낼 수 있는 게 사람이라는 것을 우리는 모두 잘 알고 있다(제4장에서 설명한 미루기 내용을 참고하길 바란다).

최종 목표와
중간 목표

내가 아이들과 목표를 세우는 순간은 다양하다. 예를 들어 어떤 아이가 "피타고라스의 정리를 활용해 계산할 수 있다"라는 목표를 세웠다고 치자. 이 최종 목표를 이루기 위해서는 거대한 목표를 작게 나눈 중간 목표를 세워야 한다. 피타고라스의 정리를 이해하기 위해서는 먼저 거듭제곱과 제곱근 계산을 할 줄 알아야 하고 삼각형의 구성 요소, 즉 빗변과 직각변을 이해하고 명명할 수도 있어야 한다.

나는 아이에게 큰 목표와 작은 목표를 설명해준 다음, 그것을 하나씩 포스트잇에 쓴다. 그리고는 '아직 못 함'이라고 적은 노란 종이를 벽 상단에 붙인다. 그 옆에는 '하는 중'이라고 적은 빨간 종이와 '다 함'이라고 적은 파란 종이를 차례대로 나란히 붙인다.

그리고 매일 목표를 점검한다. "저 이제 제곱근 계산을 확실하게 할 수 있어요. 그러니까 이 포스트잇을 빨간 종이 밑에서 파란 종이 밑으로 옮길래요. 그리고 다음 중간 목표로 넘어갈 거니까 이 포스트잇은 노란 종이 밑에서 빨간 종이 밑으로 옮길게요." 이렇게 중간 목표를 모두 달성하고 나면 당연히 최종 목표도 달성하게 된다.

가끔은 목표에 도달했는지 아닌지를 파악하기 어려울 때도 있다. 사람이다 보니 조금만 더 하면 더욱 잘할 수 있을 것 같은 일이 많기 때문이다. 그래서 가끔은 자기 평가 나무 그림을 함께 그릴 때도 있다. 포스트잇 아래에 이제 막 잎이 돋은 새싹부터 다 자란 나무까지, 현재 학습 상태를 상징하는 그림을 그리는 것이다. 자기 평가 나무 그림은 목표에 얼마나 다가갔는지를 한눈에 볼 수 있는 개요가 된다.

아이 공부, 공부 정서부터 키워라

결론:
목표는 여러모로 유익하다

내가 입버릇처럼 하는 말이다. 목표를 정해놓고 일을 시작하면 집중이 잘 된다. 목표가 있기 때문에 우리는 각각의 단계와 활동에 어떤 의미가 있으며 결국에는 어떤 결과를 끌어냈는지 이해할 수 있다.

가치 있는 목표를 향해 나아갈 때는 어려운 부분에서 더 많은 노력을 기울일 수 있다. 또한 잘 설정된 목표 덕분에 아이는 지금 당장 무엇을 해야 할지 정확하게 파악할 수 있다. 전체적인 목표를 항상 **염두에 두는** 아이는 매 순간이 불확실하더라도 흔들리지 않고 뚜벅뚜벅 목적지를 향해 나아갈 수 있다. 특히 어렵고 거친 길은 멋진 목표가 보일 때 보다 힘차게 걸어나갈 수 있다. 어디로 가는지도 모르고 무작정 걷다가 발목이 삐거나 왜 이렇게 길이 험하냐고 끊임없이 투덜대며 걷는 대신 완주할 가능성이 훨씬 커지기 때문이다.

제6장

강점을
강화시키자

물을 준 나무가
자란다

앞서 말했듯이 나는 아이의 강점을 키우는 것이 성공적인 학습의 핵심이라고 생각한다. "물을 주면 자란다"라는 속담처럼 말이다.

언뜻 화장실 문에나 적혀 있을 법한 뻔한 소리로 들릴 수도 있지만 곱씹어 보면 이 말엔 엄청난 진실이 담겨 있다. 그런데 학교 현장에선 이 진실을 그리 위중하게 다루지 않는다. 내 경험에 따르면 학교가 집중하는 것은 다음 세 가지다.

1. 지식 전달

2. 비교

3. (개선해야 할) 실수와 약점

하지만 나는 여기에서 핵심 요소 하나가 빠졌다고 생각한다. 아이 하나하나를 면밀하게 살펴서 각자가 가진 고유한 강점을 찾아내는 노력이 없다. 학교에서는 아이에게 각자의 강점을 알려주고 이해시키며 이를 목표에 맞게 지속적으로 발전시키도록 이끌어주는 과정을 기대하기 어렵다. 나는 강점을 키우는 것이야말로 교육의 중요한 임무라고 생각한다. 만약 우리가 학교에 이 역할을 요구할 수 있다면 우리 교육 제도의 수많은 약점이 보완될 것이다.

물론 오류와 실수를 바로잡는 일 또한 학교가 할 일이고 하는 것이 맞다. 다만 그 과정에서 아이가 무엇을 잘할 수 있고 어떤 면에서 특별히 강한지도 함께 알려주어야 한다. 그런 다음에 실수와 오류를 논해야 아이들의 자존감에도 흠집이 나지 않는다.

하지만 현재 학교 제도에서 아이들이 성실하게 숙제하고 힘들여 시험을 친 대가로 받는 건 빨간색 X 표시다. 간혹 '참 잘했어요!' 같은 도장이 찍힐 때도 있지만 그 도장에서 큰 의미를 찾는 아이는 드물다. '참 잘했어요!' 도장을 받았어도 X가 세 개 있으면 자연스레 X에 초점이 맞춰진다. 열심히 해낸 과제에 이런 피드백을 받은 아이들 마음에는 '나는 잘하는 게 아무것도 없어'라거나 '나는 우수한 학생이 아닌가 봐' 같은 체념이 쌓인다.

하지만 문제는 오히려 아이들의 지식과 재능이 언제나 독해, 작문, 문제 풀이 능력, 빠른 줄거리 요약, 객관식 맞추기 등 교사가 평가하기 유리한 방식으로만 가늠되는 현실이다. 물론 그런 능력도 중요하고 훌륭한 강점이라는 부분에서는 부인할 생각이 없다.

아이 공부, 공부 정서부터 키워라

그런 강점을 가진 아이는 분명 학교에서 좋은 성적으로 꾸준한 보상을 받을 것이다. 앞서 언급한 인용구를 사용하자면 칭찬과 보상으로 '충분한 물을 준' 강점은 더욱 강해질 것이다. 그러나 아쉽게도 먼 장래를 내다봤을 때 이렇게 강해진 아이의 강점과 능력이 어른이 된 이후 (직장) 생활과 그 외의 인생에서까지 성공을 보장하고 가져다 주리라고는 장담하기 어려운 것이 사실이다.

인생에서
진짜 중요한 것

학교를 졸업한 이후의 인생을 두고 볼 때, 학교에서처럼 정해진 시간에 정해진 문제에 따른 정해진 답을 내놓아야 하는 시험 같은 상황은 거의 일어나지 않는다. 오히려 일터와 일상에서는 학교에서 전혀 강조하지 않았던 강점들이 중요해진다. 창의성, 문제 해결력, 팀워크, 자기 관리 능력 등은 학교에서 '물을 준 적이' 없는 강점들이다.

사회성이 굉장히 좋은 아이를 예로 들어보자. 사회적 감각이 좋아서 교실에서 일어나는 상황을 두루 살필 줄 아는 아이는 다른 친구가 힘들어하면 그 기분을 알아차리고 자연스럽게 도움을 준다. 정의감이 강하고 질서와 규칙을 잘 지키는 동시에 따뜻한 미소로 다른 사람들의 마음을 편안하게 만들어주는 아이다. 다만 학습 면에서는 크게 뛰어난 능력이 없다.

아이 공부, 공부 정서부터 키워라

나는 이런 아이야말로 우리 사회가 원하는 인재이며, 아이가 졸업 후 선택할 수 있는 직업의 종류도 매우 다양하리라 예상한다. 심지어 이런 아이의 재능은 디지털화로도 대체되지 않는다. 방금 언급한 강점들은 세상 그 어떤 로봇도 해낼 수 없는 것이기 때문이다.

　이 아이는 어른이 되어 손님 수천 명이 몰려오더라도 누구 하나 빠짐없이 환대받은 기분을 느낄 수 있도록 하는 5성급 호텔 접객 서비스팀을 이끄는 매니저가 될 수 있다. 혹은 교실이 수십 개인 대형 유치원을 운영하거나, 병원이나 요양원의 관리자가 될 수도 있다. 하지만 학교에서 아이의 이런 강점을 알아보는 경우는 드물다. (다행히 이런 부분도 평가를 실시하는 학교에서라면) 사회성 행동 평가에서나 높은 점수를 받는 특성이다. 이러한 학교 제도의 빈틈은 예상보다 심각한 결과를 낳는다. 먼저 학교 안에서 지금 어떤 일이 벌어지고 있는지를 좀 더 자세히 살펴보자.

　방금 예로 든 그 아이가 읽고 쓰는 면에서 약하거나, 수학에서 연산을 어려워한다거나, 전반적으로 학교 수업을 따라가지 못한다고 가정해보자.

　슬프게도 이 아이는 학교를 다니는 동안 자기는 실수만 반복할 뿐 제대로 하는 게 아무것도 없다고 확신하게 될 것이다. 부족한 제도가 아이의 자존감을 무참히 깎아내려 발생한 비극이다. 아이는 자신이 가진 훌륭하고 중요한 능력을 전혀 알아차리지 못한다. 이로 인한 개인적, 사회적 손실은 엄청나다. 학교는 아이들에게 물리 점수와 무관하게 각자에게 얼마나 훌륭하고 소중한 능력이 있는지를 알려주어야 한다. 안타깝게도 현재 학교 제도는 그 임무를 너무 소홀히하고 있다.

나는 모든 아이가 스스로에게 강한 확신을 품고 졸업해 학교를 떠나길 희망한다. 하지만 요즘 같은 상황에선 태생적으로 공부에 강해 좋은 성적을 낼 수 있는 아이들만이 이런 기회를 누리는 것 같다.

아이 공부, 공부 정서부터 키워라

약점을 강점으로
보완하자

강점을 더 강하게 만들어야 하는 또 다른 중요한 이유는 한 가지 강점이 다른 약점 혹은 다른 여러 개의 강점을 보완할 가능성이 크기 때문이다. 교육심리학자 헬가 브로이닝거Helga Breuninger는 일상에서 사례를 발견했다. 그는 수업을 방해하거나 폭력적으로 행동하다가 결국 수업 시간에 나타나지 않는 등교 거부자 여러 명을 상담했다. 하나같이 학교 교사들이 포기한 아이들이었다. 팀(가명)도 그런 아이 중 하나였다. 팀은 4학년인데도 글을 제대로 읽지 못했다. 절망에 빠져 찾아온 엄마에게 브로이닝거는 아이가 무엇을 좋아하는지부터 물었다. 대답은 '탁구'였다. 탁구 실력은 팀의 강점 중 하나였다. 그래서 브로이닝거는 두 번째 상담 세션까지 팀과 탁구만 쳤다. 그동안 팀은 한마디도 하지 않았지만 탁구 치는 것까지 거부하진 않았다. 그는 기꺼이 라켓을 잡았고 심지어 잘 치기까지 했다! 팀은 탁구를 굉장히 잘 치는 아이였기 때문에 브로이닝거가 백핸드 기술에 약하다는 것을 금세 알아챘다. 아이는 어떻게 행동했을까? 상대가 백핸드가 아니면 받을 수 없도록 공을 넘기며 빠르고 꾸준하게 점수를 올렸다.

브로이닝거는 며칠이 지나서야 라켓을 내려놓았다. 그리고 게임을 하는 동안 자신이 무엇을 발견했는지를 팀에게 설명했다. 아이는 상대의 약점이 어디에 있는지를 정확하게 파악하고 그것을 게임의 방식에 맞춰 적용했다. 얼마나 영리하게 행동했는지 말해주었다. 지난 몇 년간 제대로 하는 것은 없고 잘못만 저지른다는 이야기를 들어온 소년에게 아이만의 확실한 강점과 재능이 있음을 증명시켜준 것이다. 그런 다음 이렇게 덧붙였다. "네가 가진 재능을 활용하면 글쓰기와 계산도 배울 수 있어." 학습이나 학교생활에 문제 있는 학생을 다룰 때 브로이닝거는 주로 이렇게 접근한다. 먼저 아이에게 자기가 무엇을 잘하는지 깨우칠 기회를 준 다음, 그 재능을 다른 맥락에서 어떻게 활용하면 좋을지 확실하게 보여주는 것이다.

때로는 누군가의 강점을 찾아내기 위해 상대를 아주 깊이 탐구해야 할 때도 있다. 탁구 시합 몇 번에 강점이 눈에 띈 팀의 사례처럼 항상 쉽게 눈에 보이는 것은 아니기 때문이다. 그러나 결국은 보인다. 약점을 보완하려고 애쓰는 대신 강점에 집중해본 경험이 있는 사람은 얼마나 쉽고 빠르게 성공할 수 있는지 깨닫고 깜짝 놀라게 될 것이다. 그러니 아이의 강점을 파악하고 그 강점을 활용하여 공부하도록 지도하는 것이 무엇보다 중요하다. 강점을 아는 것만으로도 아이는 고난을 이겨낼 힘을 얻는다.

너의 강점은 무엇이니

어린이 혹은 청소년들과 처음으로 수업을 하게 되면 나는 일단 이 질문부터 던진다. "너의 강점은 뭐야?"

여태껏 이 질문을 받자마자 기다렸다는 듯 자기 강점을 말한 아이는 단 한 번도 본 적이 없다. 간혹 한참 망설인 후에 "사실 ㅁㅁ을 좀 잘하는 편이죠"라고 말하는 아이는 몇 번 보았다.

나는 아이들이 자기 강점을 언어로 표현하는 데 어려워하는 것은 명백히 우리 학교 시스템의 (부분적으로는 우리 부모들의) 책임이라고 생각한다. 몇 년 동안이나 학교에 다니면서 파편적인 지식을 끝도 없이 배우지만 자기 강점은 열 개도 말하지 못하는 상황이 결함이 아니면 무엇이겠는가. 그 결함을 보완하기 위해 나는 첫 수업에는 항상 자음 순으로 강점이 열거된 감정 목록을 나누어준다.

나는 아이들에게 먼저 목록을 읽고 자기가 생각하는 자신의 강점에 밑줄을 그으라고 한다. 그다음에는 각자의 목록을 옆자리 학생이나 단짝 친구와 바꾸어 목록의 주인공인 상대의 강점이라고 생각되는 단어에도 줄을 긋게 한다.

이렇게 이중으로 확인한 강점 목록을 학부모에게 전달하면 부모들은 다시 한번 자기 자녀의 강점이라고 생각되는 부분에 밑줄을 긋는다. 그다음 아이가 속해 있는 스포츠팀 코치나 아이가 좋아하는 선생님에게도 목록을 보내서 한 번 더 강점을 확인한다. 이렇게 하면 짧은 시간 안에 아이마다 최소 열 개에서 스무 개 이상의 강력한 강점 목록이 만들어진다.

일단 목록이 완성되면 나는 그걸 들고 다양한 연습을 진행한다. 이를테면 강점을 바탕으로 아이들에게 글짓기를 해보게 한다. "나는 용감하고 규칙적인 생활을 한다. 그리고 차분하다. 나는……."

큰 종이에 태양을 그리고 그 중앙에 아이 사진을 붙인 다음 햇살 모양으로 선을 뻗어 강점을 하나씩 적는 활동도 한다. 내 인스타그램 계정에 들어가면 이렇게 작성된 강점 태양을 수도 없이 많이 볼 수 있다. 그 효과가 입소문을 타서 어느새 공립학교 선생님 중에서도 부모들에게 아이 얼굴이 들어간 강점 태양을 만들어 학교로 보내줄 것을 요청하는 분들이 생겼다.

그중 한 선생님은 부모들로부터 받은 강점 태양을 교실 뒷벽에 붙였다. 이튿날 아침, 교실로 들어서자마자 태양을 확인한 아이들의 두 눈은 기쁨으로 빛났다. 자신의 장점과 강점이 온 교실에 선포되었으니 기쁠 수밖에! 이 교실에서도 아이들은 여전히 틀린 문제와 씨름하며 답을 고쳐야 할 것이고 때로는 너무 낮은 점수를 받아 속상해할 것이다. 그러나 교실 뒤에 붙은 태양 덕분에 아이들이 각자 자신만의 강점을 한가득 갖고 있다는 사실에는 변함이 없을 것이다.

강점 목록

ㄱ 감각이 뛰어난, 감성이 풍부한, 감정적인, 강인한, 개방적인, 걱정이 없는, 결단력이 좋은, 겸손한, 곧은, 공감을 잘하는, 공평한, 관대한, 규칙을 잘 지키는, 균형 잡힌, 근심 걱정이 없는, 기발한, 까다롭지 않은, 꼼꼼한, 꾸밈이 없는, 꾸준한, 끈기 있는

ㄴ 낙관적인, 남을 잘 돕는, 냉정한, 너그러운, 논리정연한, 눈치가 빠른, 느긋한

ㄷ 다른 사람을 잘 격려하는, 다른 사람을 잘 돕는, 다정한, 단체 생활을 잘하는, 단호한, 대담한, 대화가 잘 통하는, 독립적인, 독창적인, 두려움이 없는, 똑똑한, 뚝심 있는

ㅁ 마음이 따듯한, 말을 잘하는, 매력적인, 명랑한, 명확한, 모험심이 강한, 목표지향적인, 미래를 내다보는, 민감한, 민첩한, 믿음직스러운

ㅂ 발전적인, 배려심 있는, 배울 준비가 된, 부드러운, 분명한, 비밀이 많은, 비판적인

ㅅ 사교적인, 사랑스러운, 사심 없는, 상냥한, 상상력이 풍부한, 생각이 깊은, 섬세한, 성숙한, 성실한, 소박한, 소통이 잘 되는, 솔직한, 순발력이 강한, 시야가 넓은, 신뢰가 가는, 신비로운, 신속한, 실용적인, 실험정신이 뛰어난, 심오한, 씩씩한

ㅇ 아는 것이 많은, 아이디어가 풍부한, 양심적인, 에너지 넘치는, 여유로운, 열린 마음을 가진, 열심히 하는, 열정적인, 영리한, 온화한, 올바른, 용감한, 우아한, 운동 신경이 좋은, 원칙을 잘 지키는, 위험을 잘 감수하는, 유머가 넘치는, 유쾌한, 융통성 있는, 음악적 재능이 있는, 의욕이 넘치는, 이해심이 풍부한, 인내심이 강한, 일관된

ㅈ 자기반성을 잘하는, 자기주장이 강한, 자발적인, 자신감 넘치는, 자연 친화적인, 자유분방한, 잘 웃는, 잘 참는, 재치 있는, 적극적인, 적응력이 뛰어난, 정돈된, 정중한, 정직한, 정확한, 조심성 있는, 조용한, 주의력이 높은, 주체적인, 준비성 있는, 중립적인, 지적 호기심이 있는, 직관적인, 진지한, 질서정연한

ㅊ 차분한, 참을성 있는, 창의적인, 책임감 강한, 철저한, 총명한, 추진력 있는, 친절한, 침착한

ㅋ 카리스마 있는, 쾌활한

ㅍ 판단력이 빠른, 패션 감각이 뛰어난, 편견 없는

ㅌ 태연한, 통찰력 있는, 투지가 강한

ㅎ 학습 태도가 좋은, 한결같은, 행복한, 현명한, 현실적인, 협상을 잘하는, 형식에 얽매이지 않는, 호감이 가는, 호기심 많은, 확고한, 활기찬, 활발한, 힘이 센

아이의 어떤 강점에
물을 줄 것인가

나는 이 연습을 통해 모든 아이가 어서 자신만의 강점을 찾아내고 어떤 강점에 물을 주면 좋을지 파악하길 바란다. 일단은 내 강점을 알아야 그것을 더 키우고 약점을 보완할 가능성이 생긴다. 전 과목을 평균적으로 잘할 필요는 없다. 한 아이가 13년간 학교를 다니면서 할 일은 자신의 강점을 파악하고 집중적으로 키우는 작업이다.

여전히 갈피를 잡지 못하는 부모님들을 위해 다시 한번 힘주어 말한다. 라틴어를 못하고 수학을 잘하는 아이에게 필요한 것은 수학 과외다. 처음부터 아이의 수학적 재능을 발견하고 그 능력을 특별히 키워준다면 아이는 정말 위대한 일을 해낼 수 있다.

하지만 우리는 수학에 재능이 있는 아이가 100점 맞은 시험지를 받아오면 기뻐하기는커녕 당연하게 여긴다. 오히려 자극을 주어야 한다면서 "그래, 수학은 잘하네. 그런데 라틴어 시험은 낙제했구나"라고 말한다. 만약 부모가 라틴어를 지적하는 대신 수학 재능에 집중한다면 아이는 수학과 교수나 로켓 과학자가 될 수도 있다.

하지만 독일의 바이에른주에서는 고등학생이 두 과목 이상 낙제하면 유급 처분을 받는다. 즉, 수학과 물리, 화학과 생물에서 1등급을 받아도 라틴어와 음악에서 낙제하면 다음 학년으로 진급하지 못한다. 나중에 물리학이나 생물학 혹은 화학이나 수학에서 노벨상을 받을 수 있는 천재급 인재라도 이 원칙을 피할 수 없다. 이해가 안 되는 부분이라고 생각한다. 천재들에게 '낙제생' 딱지를 붙이는 잘못된 제도다.

이러한 학교의 관행은 비단 천재들의 자아상만 망치는 게 아니라 학교에 다니는 모든 아이가 약점에 집중하고 강점을 무시하도록 만든다. 여러분의 어린 시절에도 비슷한 경험이 있을 것이다.

우리 중 누군가는 졸업 후 직업 세계에서 자신의 강점을 찾고 계발하는 행운을 누렸을 것이다. 하지만 그들조차 성인이 되어서는 강점을 찾는 과정과 강점에 관한 자신감을 키우기가 쉽지 않았을 것이다.

나는 동창회에 갈 때마다 학교 제도가 잘못되었다는 증거를 발견한다. 지난 수십 년간 거듭 확인하는 사실이지만 학창 시절에 최고 좋은 성적을 거두었던 친구들이 졸업 후 삶과 직업에서 반드시 가장 성공한 것은 아니었다. 그러므로 진심으로 당부한다. 여러분 자녀를 강점을 기반으로 키워라! 아이들과 함께 반드시 강점을 찾아내라. 그리고 그 강점을 끊임없이 확인시켜라. 오류를 수정하고 약점을 보완하는 데 쓰던 시간과 에너지와 관심을 강점을 키우는 데도 꼭 투자하자.

강점을 일깨우는
산타클로스의 편지

산타클로스의 편지는 아이들의 강점을 찾아내고 키우는 데 훌륭하게 활용될 수 있는 도구다. 여러분에게도 크리스마스 날 아침, 선물과 함께 놓인 산타클로스의 편지를 받아본 기억이 있을지 모르겠다.

전통적으로 산타클로스의 편지에는 지난 한 해 동안 잘한 일과 못한 일이 엇비슷한 비율로 쓰여 있기 마련이다. 그런데 나는 좀 다른 면에 초점을 맞춰서 이 특별한 기회를 활용해보길 권한다.

장담하건대 잘못은 다른 누구보다 자기 자신이 제일 잘 안다. 그런데 온갖 사람들로부터 이야기를 듣는 것도 모자라 산타클로스의 편지에서까지 지적을 받는다면 그 굴욕감이 오랫동안 상처로 남을 수도 있다. 반면 아이가 잘한 일은 제대로 알려지지 않을 때가 많다. 사람들은 아이가 잘한 일은 좀처럼 이야기하지 않고 장점을 칭찬하는 경우도 드물다.

그런 면에서 산타클로스의 편지는 어렴풋이 알던 아이의 강점을 구체적인 사례로 입증시켜 줄 수 있는 결정적인 기회다. 가령 "너 참 용감하구나!"라는 칭찬은 너무 모호해서 구체적으로 말해주어야 한다. 그러면 아주 어린아이라도 "상황 판단이 빠르다"라거나 "영감이 풍부하다"라는 표현의 의미를 짐작할 수 있다. 그러므로 편지를 쓸 때는 다음과 같이 강점의 개념과 구체적인 사례를 연결해야 한다. "나는 네가 ○○했을 때(구체적인 상황이나 행동) 네가 □□하다(강점)는 것을 알게 되었어."

다음은 이해를 돕기 위한 예문 두 가지다. "네가 만들기를 할 때마다 아이디어가 얼마나 풍부한지를 깨닫고 놀라곤 해. 정해진 도면에 얽매이지 않고 너만의 상상력을 발전시켜서 항상 독특한 작품을 만들어내고는 하지." "지난 몇 달간은 동생이 아파서 엄마 아빠가 병원에서 보낸 시간이 많았어. 너는 종종 혼자서 지내야 했는데 그럴 때마다 네가 얼마나 책임감이 강한지 알게 되었단다. 혼자서도 할 일을 야무지게 하는 모습을 보고 얼마나 믿음직스러웠는지 몰라."

부모님들을 위해 팁을 주자면 먼저 아이의 강점 열 가지를 나열해본 다음, 그것이 돋보였던 상황을 되짚어 보면 어렵지 않게 구체적인 내용의 편지를 쓸 수 있다.

물론 이런 편지는 생일 선물로도 손색이 없다. 생일파티에 초대된 손님들이 주인공의 강점을 언급한 편지를 써준다면 이보다 좋은 선물도 없을 것이다.

또 다른 방법:
칭찬 세례

칭찬 세례는 여럿이 모여서 할 때 특히 효과적인 방법이다. 그룹에서 한 명을 선택했다면 나머지 다른 사람들은 그 사람의 강점에 말 그대로 '칭찬 세례를 주는' 것이다. "너는 주변 사람을 잘 도와줘.""너는 운동 신경이 남달라.""너는 정직하고 공감 능력이 뛰어나고 멋있어."

내가 아는 어떤 센스 만점인 선생님은 아예 교실에 샤워기 헤드를 걸어놓았다. 학급에서 생일을 맞은 아이를 반 아이들이 둘러싸고 샤워기 헤드로 물 붓는 시늉을 하면서 칭찬을 퍼부어 주기 위해서다. 평생 기억으로 남을 세리머니 아니겠는가.

결론:
모든 아이에게는 반드시 강점이 있다

아이가 몇 학년이든 상관없다. 아이에게 무엇보다 중요한 것은 자기 강점을 찾는 일이다. 모든 아이에게는 강점이 있다. 나는 분명 그렇게 믿는다.

　따라서 부모는 의식적으로 아이의 강점을 바라보려고 노력해야 한다. 그리고 학교 성적과는 별개로 그 강점의 조합이 아이의 인생(직업)을 성공으로 이끌 것이란 사실도 믿어야 한다. 그러려면 무엇보다 아이 스스로 자기 강점을 알아야 한다. 하지만 학교를 졸업할 무렵까지 자기 강점을 찾지 못하고 자신은 아무것도 할 수 없다고 생각하는 아이들이 너무 많은 것 같아 안타깝다. 아이의 인생 전체를 두고 볼 때 몇몇 과목에서 낮은 점수를 받는 건 아무런 문제도 되지 않는다. 오히려 자기 강점을 모른다는 것이 치명적이라는 것을 기억하자.

아이 공부, 공부 정서부터 키워라

제7장

이론:
숙제가
힘든 이유

숙제는
가정 파괴범

누군가는 이 말이 너무 과하다고 느낄지도 모르겠지만 안타깝게도 많은 가정에서 이 말은 곧 현실이다. 숙제가 싸움과 스트레스, 불안의 불씨가 되고 생떼와 짜증, 눈물의 원인이 된다. 숙제는 가정의 평화를 파괴한다.

숙제는 근본적으로 문제를 안고 있다. 이는 학교에서 가르쳐놓고 연습은 가정에 미루는 데서 발생한다.

그 과정을 자세히 들여다보자. 먼저 학교는 학습 자료와 지식을 전달한다. 그다음 새롭게 전달한 지식을 간단하게 적용하는 것까지도 학교에서 한다. 하지만 언제라도 다시 정확하게 기억할 수 있을 정도로 연습하고 또 연습하는 과정인 중요한 과제는 가정의 몫으로 미룬다. 그러나 나는 새로운 지식을 전달하는 것만큼이나 한 번 배운 내용을 확실하게 적용할 수 있도록 통달하는 것도 중요하다고 생각한다. 아니, 습득보다 연습이 더 중요하다. 그래서 공부에서 가장 중요한 부분인 연습을 가정으로 미루는 숙제라는 제도 자체를 반대한다.

내용을 가르친 교사가 직접 연습도 지도해야 한다. 나는 이 과정이 시험보다 훨씬 중요하다고 생각한다. 그런데 학교는 지식을 전달하고 그걸 확인하는 일에 초점을 맞추면서 연습은 등한시한다. 연습의 중요성에 관한 이해를 돕기 위해 나의 개인적 경험을 예로 들어보겠다. 어느 날 나는 흥미로운 강의를 들었는데 강의실에서는 다 이해하고 깨달았다고 생각했으나 저녁을 먹으면서 가족들에게 그 내용을 설명하다 보니 완벽하게 이해하지 못했다는 사실을 깨닫게 되었다. 이틀이 지나자 무슨 강의를 들었는지조차 기억나지 않았다.

이처럼 우리는 지식을 전달받는 것만으로는 아무것도 배우지 못한다. 전달받은 내용을 적용하고 직접 재생산할 때 배움이 일어나기 때문이다. 배우기 위해서는 전달받은 내용을 재현하는 과정이 필수다. 그리고 며칠 혹은 몇 주에 걸쳐 지식을 재생산해낸 끝에야 비로소 무언가를 배웠다고 확실하게 말할 수 있다. 배움은 지식을 잠시 단기 기억에 저장하는 것과는 완전히 다른 의미다.

그러므로 배움에서는 지식을 습득하는 것보다 연습하는 과정이 훨씬 더 중요하다. 이해가 덜 된 부분이 어디인지는 지식을 직접 적용하는 과정에서 질문으로 확인된다. 그저 지식을 전달받기만 할 때는 대체로 유용하고 논리적으로 들리므로 의문을 품을 여지가 적다. 질문은 구체적인 과제에 적용할 때 일어난다. 또한 연습하다 보면 틀리

아이 공부, 공부 정서부터 키워라

고 실수한다. 이런 오류를 해결하고 애쓰는 과정에서 더 많은 것을 배운다. 단 질문에 능숙하게 답할 뿐만 아니라 오류와 실수를 판별하고 체계적으로 대응할 수 있는 누군가가 곁에 있다는 전제가 충족되어야 한다. 제대로 배우려면 제대로 된 교사가 연습을 지도해야 한다는 뜻이다.

특히 수학을 배울 때 그렇다. 수학은 많은 어린이와 청소년이 골머리를 앓는 과목이다. 물론 난산증dyscalculia처럼 선천적으로 숫자 개념과 연산 능력이 약한 사람도 있지만 대부분 수학을 못하는 이유는 연습이 부족해서다.

그런데 이렇게 중요한 연습을 학교가 아닌 집에서 한다면 어떤 문제가 생길까? 무엇보다 공평하지 못하다. 아이들마다 가정 형편이 천차만별이기 때문이다. 집에 수학 문제를 풀 만한 조용한 공간이 있는가? 필요한 만큼 시간이 허락되는가? 연습을 독려하고 지도하며 질문에 정확한 답을 해줄 수 있는 사람이 곁에 있는가? 이 질문의 답은 아이마다 다르다.

개중에는 이 모든 것을 다 갖춘 아이도 있을 테지만 대부분은 그렇지 않다. 코로나 대유행 시기 동안 이 문제가 심각하게 불거졌다. 많은 어린이와 청소년에게 조용한 공부 공간이 허락되지 않았고 인터넷에 원활하게 접속할 기회가 없었으며 과제를 도와줄 사람이 없었다. 그 결과 아이들은 오랜 가정 학습 기간 내내 아무것도 배우지 못했다. 심지어는 이전에 배운 내용까지 잊어버려 학습 면에서 엄청난 퇴보를 경험한 아이들도 많았다. 이를 통해 우리는 분명한 교훈을 얻었다. 집에서 하는 숙제는 교육의 불평등을 고착화한다.

가정 형편이 어려운 아이들만 숙제로 고민하는 것은 아니다. 맞벌이 부모와 그 아이들에게도 숙제는 골칫거리다. 대개 맞벌이 부모들은 오후에 아이의 숙제를 봐줄 시간이 없다. 부모가 오후 5시까지 혹은 그 이후까지 일을 하고 퇴근 후에 장을 보고 저녁 식사까지 준비해야 하는 가정의 아이들에게 집에서 하는 숙제는 엄청난 난관이다. 온종일 일하느라 지친 부모는 당연히 자녀의 지구과학 발표나 서사시 요약 숙제를 도울 힘이 없다. 하물며 부모가 교대 근무를 해야만 하는 가정이라면 어떠할지는 구구절절 설명하지 않아도 짐작할 수 있을 것이다.

그 결과 학교 공부와 숙제는 주말로 미뤄지기 마련이다. 가족끼리 휴식을 취해야 할 소중한 시간을 숙제가 훔치는 꼴이다. 당연히 숙제를 향한 아이들의 불평과 반감은 점점 커진다(솔직히 말하자면 부모 쪽에서도 마찬가지다). 그래서 많은 가정이 숙제를 대신 봐주는 '방과 후 숙제 교실hausaufgabenbetreuung(한국의 방과 후 수업처럼 정규 수업 후 별도의 반을 구성하여 신청한 아이들의 숙제를 지도하는 제도다.-옮긴이)'을 선택한다.

아이 공부, 공부 정서부터 키워라

과연 숙제 교실이
답일까

맞벌이 가정의 많은 아이가 숙제를 해결하기 위해 방과 후 숙제 교실에 간다. 하지만 안타깝게도 이 제도의 수준은 천차만별이다.

내 인스타그램 팔로워 38만 명을 대상으로 숙제 교실 만족도라는 설문 조사를 해본 적이 있다. 물론 공신력이 있는 조사라고는 할 수 없지만 비교적 큰 집단을 바탕으로 한 표본 조사인 만큼 그 결과를 어느 정도 참작할 만하다고 생각한다. "숙제 교실에 얼마나 만족하느냐?"는 질문에 응답자의 80퍼센트가 '불만족'이라고 답했다. 숙제 교실에서 단순 돌봄 이상을 해주지 않는다는 게 주된 이유였다.

현실을 들여다보자. 숙제 교실에서는 선생님 혼자 아이 20명을 책임진다. 명칭이 선생님이지만 정식 교사는 아니다. 아이 하나하나를 차분하게 살피거나 쏟아지는 질문에 상세히 답할 기량이 부족하다. 그러다 보니 숙제 교실에서 아이들은 멀뚱히 앉아 있거나, 옆자리 친구와 장난을 치거나, 제 마음대로 숙제를 해치우거나, 다른 아이가 해놓은 걸 베끼며 시간을 보낸다. 숙제를 한다 해도 중요하게 연습해야 할 부분은 건너뛰기 십상이다.

나는 이런 아이들을 백분 이해한다. 수많은 숙제 교실을 지켜본 현장 경험에 따르면 그 이름에 걸맞게 숙제를 할 만한 분위기가 조성된 교실은 극소수에 불과하다.

해외 사례를 보면 전일제 학교 수업을 위해 필요한 여건을 파악하고 제도를 갖춘 나라들도 많다. 그런 나라에서는 제일 먼저 학교에서 점심 식사를 제공해야 한다는 것을 깨닫고 급식실부터 지었다. 하지만 독일에는 급식실을 갖춘 학교가 거의 없다. 대부분 학교가 학생들이 집에서 점심을 먹는 게 당연하던 시절에 지어졌기 때문이다.

진정한 전일제 학교가 되기 위해서는 급식실 외에도 휴식 공간과 체육관, 음악실 등이 필요하다. 그리고 무엇보다 아이들이 숙제를 통해 배운 것을 익힐 때 지도할 수 있는 전문성 있는 교사가 필요하다.

하지만 독일의 학교는 숙제 교실 신청자에게 배달된 음식을 데워서 점심으로 제공한다. 그나마도 교실에서 먹는다. 운동장이나 체육관이 없는 학교도 많다. 학교 뒷마당에서 잠시 놀던 아이들은 교실로 돌아가서 한 시간 반 동안 숙제를 한다. 대부분 숙제 교실의 교사들은 숙제를 마친 아이는 먼저 교실을 나갈 수 있도록 허락하는데, 그러다 보니 아이들은 끊임없이 교실을 들락날락한다. 남은 아이들은 그 혼잡함 속에서 숙제를 마무리한다. 친구들이 하나둘씩 나가기 시작하면 자기도 나가서 놀고 싶은 게 아이의 마음이다. 이런 환경 속에서 숙제에 집중할 수 있는 아이는 드물다.

현장이 이러하니 내 메세지함에는 절망에 빠진 부모들의 편지가 쏟아진다. "어떻게 하면 좋죠? 아이는 숙제 교실을 마치고 5시에 집에 오는데 정작 숙제는 하나도 안 해와요. 하지만 이미 몸은 피곤한 상태라 의욕은 하나도 없고요. 매일같이 숙제하기 싫다는 아이와 실랑이를 벌이네요." 과연 숙제는 가정 파괴범이란 말이 맞는 것 같다. 숙제 교실도 숙제라는 짐을 덜어주지는 못한다.

각자의 수준을 고려하지 않는
숙제의 문제

맞벌이 부모가 아니라서 아이가 방과 후 숙제 교실에 가지 않는 가정일지라도 매일 숙제로 몸살을 앓기는 마찬가지다.

그 이유 중 하나는 안타깝게도 학교 숙제가 아이의 개별 수준에 적합하지 않기 때문이다. 학습에서는 아이가 현재 어느 수준에 있는지를 정확하게 파악하여 위치에 따른 적절한 연습을 시작하는 일이 매우 중요하다. 각 도전 과제가 현재 내 능력과 정확하게 일치할 때 몰입이 일어나기 때문이다(제3장 참고).

숙제가 너무 어렵거나 쉬우면, 즉 각자의 현재 수준에 맞지 않으면 아이는 숙제하는 동안 재미를 느끼지 못한다. 숙제가 어렵게 느껴지는 이유는 다양하다. 아파서 며칠 결석한 탓에 일시적으로 학교 수업을 놓쳐서일 수도 있지만, 꼬박꼬박 학교를 나갔더라도 아이 각자의

아이 공부, 공부 정서부터 키워라

학습 수준은 매우 다를 수 있다. 정보를 받아들이고 처리하는 속도가 저마다 다르기 때문이다. 그런데 학교라는 시스템은 모든 아이가 비슷한 속도로 꾸준히 공부하리라는 전제를 깔고 운영된다. 그 결과 학교 숙제가 너무 어렵게 느껴져서 조용히 백기를 드는 아이가 생겨난다.

만약 학교에서 배운 내용을 연습하는 용도의 숙제가 아이 각자의 수준과 일치해야 한다는 말을 그대로 적용한다면 25명의 아이를 가르치는 교사는 25가지 숙제를 내야 한다. 현실적으로 불가능해 보인다. 하지만 그 정도는 아니더라도 숙제를 두세 가지 다른 수준으로 내려고 노력하는 교사들은 현실에도 존재한다. 숙제의 수준에 차등을 두는 것이다. 그러나 그것만으로는 충분치 않을 때가 많다. 설명을 돕기 위해 사례 하나를 들어보겠다.

나디아라는 친구는 지극히 평범한 3학년 초등학생인데 성홍열에 걸려 일주일간 학교에 가지 못했다. 그 기간 동안 다른 친구들은 독일어 수업에서 합성어를 배웠고 단어 두 개로 한 단어를 만드는 방법을 알게 되었다. 예컨대 '필기하다schreiben'와 '도구schrift'를 합쳐 '필기체schreibschrift'를, '학교schule'와 '집haus'을 합쳐 '학교(건물)schulhaus'를 만드는 것이 이 수업의 핵심으로 그다지 까다롭지는 않지만, 아홉 살 아이의 이해력을 고려하건대 한 번은 제대로 된 설명을 들을 필요가 있었다. 그래서 독일어 수업에서는 합성어가 무엇인지 이해하고 만드는 법을 배우는 데 일주일을 할애했고, 그동안 아이들은 합성어에 관사를 붙이는 규칙과 단어 두 개를 붙여서 쓰는 법 등을 연습했다.

일주일 후 나디아는 건강을 회복하고 학교로 돌아왔다. 그간 학교에서 무얼 배웠는지는 전해 들었지만 아파서 침대에 누워 있는 동안에는 공부할 수가 없었다. 그런데 선생님은 다른 아이와 다름없이 나디아에게도 합성어를 사용해서 문장 열 개를 써오라는 숙제를 내주었다. 나디아는 이 숙제를 어떻게 해결해야 할까? 이 숙제를 하는 데 필요한 몇 가지 사고 단계를 나디아는 연습해본 적이 없다. 아이의 지적 능력이나 언어적 지식과는 무관하게 이 숙제는 나디아에게 너무 과중하다. 그 결과는 뻔했다.

나디아는 숙제를 펼쳐놓고 노력했지만 진전은 없다. 곁에 앉아서 지켜보던 부모는 나디아가 숙제를 얼른 하지 않고 질질 끈다고 생각해 잔소리를 한다. "집중 좀 해!" "이게 뭐가 어렵니?" "여기에서는 그냥 이렇게 해!"

부모의 짜증 섞인 목소리를 들으며 나디아는 이렇게 생각한다. '그래, 별로 어려워 보이지는 않아. 그래도 나는 이해가 안 되는걸. 내가 문제인가 봐.' 이런 상황에서 부모가 성장 마인드셋과 긍정적인 공부 정서를 키우는 언어를 사용하지 않는다면 아이는 금세 다음과 같은 결론을 내리게 된다. '합성어는 너무 어려워. 나는 이걸 못해. 그러니까 다음부터는 포기해야겠어.'

이렇게 아이는 특정 주제를 향해 포기와 혐오를 결심한다. 아이가 현재 어느 지점에 있는지를 파악하고 거기에서부터 다시 공부를 시작하면 된다는 단순한 사실만 고려했더라도 충분히 피할 수 있는 불행이었다.

아이 공부, 공부 정서부터 키워라

배우는 과정은 기나긴 사슬을 엮는 것과 같다. 실제로 우리 뇌에서 지식은 시냅스 간 정보 교환을 통해 뉴런 사슬로 저장된다. 이런 과정을 건너뛴 채로 사슬을 엮는 것이 불가능하듯 학습에서도 개별 단계에 구멍이 생기면 주제 전체의 학습이 불가능하다.

하지만 현실적으로 학교 교사들이 수업을 진행하고 준비하는 동안 아이 하나하나의 수준차를 모두 고려할 수는 없다. 시간과 자원이 부족하기 때문이다. 특히 교사들은 수업과 지식 전달이라는 본래의 업무 외에도 부수적인 행정 작업 때문에 바쁠 때가 많다.

그러므로 나는 교사들을 비판할 생각은 없다. 내가 바라는 것은 좋은 의도로, 심지어 잘 준비된 숙제마저도 아이들에게 쓸모없거나 해로울 수 있다는 사실을 교사와 부모가 이해하자는 것이다.

아이의 학습 유형을 존중하고 싶다면
Tip 3. 사람들이 학습하는 방법: 요리와 수학

식사 때가 되면 곧장 냉장고 문을 열고 열 가지 재료를 꺼내서 요리를 시작한 다음, 한 시간쯤 지나면 먹음직한 음식을 식탁 한가득 차려놓는 사람이 있다. 이런 유형의 사람은 다른 누구의 지시나 레시피 하나 없이, 오로지 자신만의 직관에 따라 음식을 만든다. 직관적인 요리사다.

다른 유형의 사람은 같은 냉장고 문을 열고서도 다른 생각을 한다. '휴, 쓸 만 한 재료가 하나도 없네!' 하지만 문제 될 것은 없다. 요리책을 펼쳐서 필요한 재료가 무엇인지 살펴본 다음, 목록을 만들어서 장을 보면 된다. 레시피형 요리사다. 차근차근 레시피를 따라 요리하다 보면 그들도 맛있는 음식으로 식탁을 채울 수 있다.

수학에서도 마찬가지다. 직관적으로 수학을 이해하는 사람들이 있다. 그들은 한 번만 설명하면 무엇을 그리고 어떻게 해야 할지 단번에 이해하고 기억한다. 문제를 보는 즉시 해결에 필요한 산술 연산을 떠올리는 그들은 직관적인 요리사다. 내 생각에 수학 교사가 되는 사람들은 주로 이 타입인 것 같다. 독일에서 수학 교사가 되려면 대학에서 일반수학 과정이 포함된 강의를 수강해야 하는데, 이런 강의는 대부분 수학을 처음부터 쉽게 이해하는 사람들이 듣기 때문이다.

나는 많은 아이가 이해할 수 있도록 쉽게 잘 설명한다는 점에서는 탁월한 수학 교사다. 하지만 나는 꿈에서라도 수학을 전공해야겠다고 생각한 적이 없다. 그렇다면 전공자도 아닌 내가 아이들에게 수학적 지식을 능수능란하게 전달하는 비결은 무엇일까? 그것은 바로 내가 정해진 단계를 차근차근 따르는 레시피형 요리사라서 아이에게 수학을 가르칠 때는 냉장고를 열자마자 당장 요리를 시작하는 직관적인 접근법보다 레시피를 하나씩 짚어가는 방식의 접근법에 익숙하기 때문이다.

하지만 보통 수학 교사들은 다음과 같은 (비현실적인) 문제를 칠판에 적으며 수업을 시작한다. "막스와 이다가 분수의 포물선 높이를 계산하려고 합니다." 그런 다음 이 문제를 푸는 데 적용되는 공식을 소개한다. 하지만 정확히 그때부터 레시피형 요리사들은 갈피를 잃는다. 공식을 적용하는 문제가 한꺼번에 쏟아지면 쉽게 포기하는 편을 택한다. 레시피형 요리사들에게는 문제를 통해 공식을 적용하는 연습 전에 체계적인 설명이 우선시되어야 한다. "우리는 포물선의 최고점이 어디에 있는지 계산해볼 거야. 여기에서 필요한 것은 이런 값과 이런 공식이야. 이제 이 값을 공식에 집어넣어 X를 구해보자(물론 이 과정 또한 레시피를 따르는 것처럼 단계별로 제시해야 한다). 짜잔, 답이 나왔네."

장담하건대 아이들은 간략하고 분명한 지시를 선호한다. 원리나 공식의 유래에 깊은 이해가 없어도 지시만 따르면 문제를 풀 수 있기 때문이다. 레시피형 요리사 중에는 요리마다 20번 넘게 시범을 보여야 간신히 따라 하는 아이도 있다. 하지만 그들에게도 결국은 "이제 이해했어요!"라며 눈을 반짝이는 순간이 온다.

그리고 한마디만 더 덧붙이자면 나는 수학 교육 전반에 근본적 개혁이 절실하다고 생각한다(학교에 따라 개혁이 시작된 곳도 있다니 다행일 따름이다).

디지털 기기의 도움을
기꺼이 받자

바로 앞서 다룬 내용은 숙제가 어려운 이유를 이해하는 데 핵심 열쇠 역할을 한다. 집에서 하는 숙제가, 특히 수학 과목이 아이와 부모에게 얼마나 부정적인 영향을 끼치는지 이해했을 것이다. 수학 숙제를 집에서 하는 것은 마치 비전문가 요리사의 감독 아래에서 레시피를 따라 요리하는 연습을 해보라는 것과 같다. 대부분 비전문가는 레시피의 각 단계를 잘 모른다. 그래서 단계별로 발생하는 실수를 확인하지 못하고 넘어간다. 가령 아이는 학교 수업에서 수학을 직관적으로 이해하는 교사로부터 설명을 들을 때는 어렴풋이 이해한 것 같은 느낌을 받았을지도 모른다. 하지만 몇 시간 후 자기 집 책상에 앉아 67쪽 2번 문제를 읽을 때는 머리에 물음표만 가득하다. 그러나 이는 절대 아이들의 잘못이 아니다.

무언가를 배울 때는 수업에서 들은 것을 연습을 통해 제 것으로 만드는 과정이 무엇보다 중요하다. 특히 수학 과목에서는 연습이 반드시 병행되어야 한다. 수학은 마치 미슐랭 레스토랑의 주방 같아서 요리하는 견습생들 뒤로는 항상 수셰프가 버티고 서서 단계별로 지시를 내려야 한다. 그런 점에서 나는 디지털 학습 프로그램과 스마트폰 애플리케이션의 열렬한 팬이다. 최근 이런 프로그램들은 눈부시게 발전하여 단계별 오류를 잡아내는 수준에 이르렀다. 답만 보고 "오답!"을 외치는 게 아니라 "괄호 계산을 빼먹었어요"라거나 "거듭제곱 규칙이 잘못 적용되었어요" 등의 내용적 피드백을 제공한다. 이런 직접적인 피드백을 통해 아이들은 집에서도 제대로 된 연습을 할 수 있게 되었다.

디지털 기기가 없는 경우에는 아이 곁에서 단계별로 문제 푸는 법을 보여주고 해당 연산 문제에서 정확하게 요구하는 것이 무엇인지를 설명해줄 누군가가 필요하다. 그래야 아이가 연습을 시작할 수 있고 문제 열 개를 푼 뒤에 성취감도 느낄 수 있는 것이다. 하지만 숙제하는 아이 곁에 프로그램이 아닌 진짜 사람이 앉아 있기 위해서는 부모가 시간적으로도 재정적으로도 여유가 있어야 하고 지적 수준도 어느 정도 뒷받침되어야 한다. 이쯤에서 이야기는 이번 장의 처음으로 되돌아갈 수밖에 없다. 집에서 하는 숙제는 교육 불평등을 고착화한다.

우리는 이미 오래전에 학교에 관한 생각을 바꾸고 제도를 현실에 맞게 수정했어야 했다. 아직도 부모 중 한 사람(대부분은 엄마)이 오후 시간에 아이들의 숙제를 봐주는 일을 책임지느라 몇 년 동안이나 전업주부나 시간제 노동자에 머무는 현실은 비합리적이다. 하물며 이마저도 외벌이로 가족의 생계를 책임질 수 있는 경우에나 가능한 선택지다.

아이들의 공부를 위해 외벌이를 선택한 가정마저도 자녀 주변에서 모든 것을 챙겨주고 지나치게 관여하는 부모라는 뜻의 '헬리콥터 맘'이란 비아냥을 피할 수 없다. "옛날 아이들은 혼자서도 잘했어!"라며 부모와 아이를 싸잡아 비난하는 사람도 있다. 그런데 그 말이 사실일까?

아이 공부, 공부 정서부터 키워라

옛날 아이들은
혼자서도 잘했다는 말

나는 이 말이 완전히 틀렸다고 확신한다. 당시에도 숙제 지도가 잘못되거나 부족해서 엄청난 학습 결손과 부진이 생기거나 특정 과목을 향한 거부감을 낳기도 했다. 그저 집중적으로 연습하면 해결될 문제였는데 혐오하고 포기하는 것으로 끝나버린 것이다. 그때와 지금의 유일한 차이점이라면 딱 한 가지로, 당시에는 아무도 숙제에 신경을 쓰지 않았다.

　나는 자녀를 위해 적극적으로 나서고 자녀가 학교에서 실패하는 것을 두고 보지 않는 요즘 부모님들에게 박수를 보낸다. 자녀가 학교 공부를 잘 따라가고 학습 면에서 지속적인 진전을 이룰 수 있도록 노력하는 부모님들은 칭찬받아야 마땅하다. 나는 또한 많은 부모님이 직업 등 여러 상황 때문에 자녀의 학교 공부에 세세하게 신경 쓸 수 없다는 현실을 알고 유감스럽게 생각한다. 하지만 안타깝게도 부모의 도움 없이 혼자 숙제할 수 있는 아이는 극히 드물다. 그렇다고 해서 그저 어깨를 한 번 으쓱하며 "그럼 인문계 고등학교에 안 보내면 되겠네!"라고 반응하는 것도 옳지 않다.

왜냐하면 공부를 못하는 것이 아이의 문제가 아닐 때가 많기 때문이다. 교사의 (직관적인) 수업 스타일이나 제대로 채워지지 않은 학습 결손, 아프다거나 어떤 이유로 며칠 결석한 것 때문이라면 즉각적인 도움으로 충분히 해결 가능하다.

지금, 이 책을 들고 있는 여러분은 어떻게 하면 아이의 학습 문제를 해결할 수 있을지 궁금할 것이다. 나는 아이가 숙제를 할 때 어떻게 시간을 구성해야 하는지, 짧은 시간 안에 최대의 학습 성과를 끌어내려면 어떻게 해야 하는지를 두고 오랜 시간 고민한 끝에 여러 방법과 접근법을 개발했다. 이제부터 하나씩 풀어보고자 한다.

아이 공부, 공부 정서부터 키워라

제8장

실전:
숙제를
쉽게 하는 비결

오후 시간을 다 잡아먹는
숙제 때문에 힘들다면

숙제는 부모와 자녀 모두에게 귀찮고 불편한 주제다. 숙제 때문에 아이는 끙끙 앓고 부모는 좌절하고, 눈물은 흐르고 문은 '쾅' 하고 닫힌다. 앞서 제7장에서 말했듯이 나는 집에서 하는 숙제에 반대한다. 부디 우리 아이들에게 숙제를 대체할 다른 학습 개념이 생기길 바란다. 학습의 기회를 공평하게 보장하고 공부에 성공할 수 있도록 이끌어주는 더 나은 방식을 원한다.

물론 '학교에서 배운 것을 집에서 혼자 연습해본다'라는 숙제의 원칙 자체는 훌륭하다. 하지만 연습이 목적이라면 프로젝트나 발표수업, 혹은 스스로 선택한 '큰 과제'를 준비하는 것이 여러 과목의 자잘한 숙제를 매일 하는 것보다 낫다고 생각한다. 하물며 아이들을 지도하다 보면 특정한 학습 목표도 없이 그저 내줘야 하니까 내준 것 같은 숙제와 마주할 때도 많다.

이처럼 좌절과 갈등으로 발전할 확률이 다분한 숙제도 학교생활의 일부라는 것은 부인할 수 없는 현실이다. 그러므로 이번 장에서는 현명한 숙제 해결법이란 무엇인지 구체적으로 언급해볼 생각이다.

숙제의 양과 숙제하는 데 들어가는 시간은 학교와 학급, 지역과 교사, 아이의 학년에 따라 크게 다르다(숙제의 양과 시간이 반드시 비례하지는 않는다).

아이도 제각각이다. 개중에는 많은 숙제를 짧은 시간 안에 해치우는 아이가 있다. 숙제가 많으면 시간이 오래 걸리겠지만 얼마 안 되는 숙제를 붙들고 몇 시간씩 책상 앞에 앉아 있는 아이도 있다.

객관적으로 볼 때 숙제 양이 적어서 아이가 금방 해치운다면 문제 될 것이 없다.

숙제 양이 많다면 교사와 직접 대화하거나 학부모 모임 등을 통해 논의해볼 필요가 있다.

내가 특별히 살펴보고자 하는 대상은 혼자서 충분히 해결할 수 있을 정도로 숙제의 양이 적당하고 학년에 맞는 수준인데도 불구하고 오후 내내 끙끙 앓으며 붙들고 있는 아이다.

여러분 자녀가 이런 경우라면 일단은 본인이 거주하는 지역의 교육청이 숙제와 관련해 정해놓은 규정을 찾아보자. 독일은 주에 따라 숙제 규정이 매우 분명한 곳도 있다. 예컨대 노르트라인베스트팔렌주와 니더작센주에서는 1~2학년 초등학생이 하루에 30분 이상 숙제하는 것이 금지되어 있다.

실제로 초등학교 1학년 아이에게는 30분 안에 해결할 수 있는 정도의 숙제가 적당하다. 혹시 자녀가 그 이상의 숙제를 받아온다면 나는 반드시 다른 학부모들과 힘을 모아서 학급 운영에 이의를 제기할 것을 권한다. 의외로 교사들은 다른 과목을 가르치는 동료가 숙제를 얼마만큼 내주는지 모를 때가 많다(서로 그런 이야기를 나눌 시간이 없기 때문이다). 그 결과 각 과목의 숙제는 많지 않지만 여러 과목의 숙제가 모여 산더미가 되는 경우가 생긴다. 오히려 그런 상황을 학부모가 짚어주면 고마워하는 교사들이 많다. 학부모의 피드백 없이는 집으로 돌아간 학생들이 책상 앞에서 어떤 모습인지 교사는 알 길이 없기 때문이다.

산더미처럼 쌓인 숙제를 해치우느라 오후를 몽땅 바쳐야 하는 상황이 몇 주씩 지속되면 아이들의 마음에 불만이 쌓이고 숙제를 향한 불만은 해당 과목과 학교생활 전체로 번져나간다. 예를 들어 영어 숙제가 너무 많거나 어렵다고 느껴지면 언어를 배우는 즐거움이 사라지는 치명적인 결과가 나타난다.

원래 아이들은 수학 문제를 즐겁게 푼다. (자기 수준에 딱 맞게 설계된) 문제를 해결할 때 이루 말할 수 없는 만족을 느낀다. 하지만 다른 친구들이 밖에서 축구하는 소리를 들으면서 수학 문제를 푸는 것은 전혀 즐겁지 않다. 이런 부분에서는 어른들이 아이들의 마음을 헤아려주어야 한다고 생각한다.

유년기는 다시 돌아오지 않는다. 여러분의 어린 시절을 돌이켜 보자. 아이들에게는 놀이터에서 친구와 만나기로 한 약속이 기필코 지켜야 할 중대사다. 그에 비하면 수학 문제 푸는 일은 하찮기 그지없다.

그러므로 하교 후에 숙제에 진지하게 집중할 수 있는 내적 여유가 있는 시간, 즉 아이의 마음이 차분하고 에너지와 집중력이 발휘되는 시간을 찾기란 정말 어려운 일이다. 하지만 내가 제안하는 단계를 따라가다 보면 분명 적절한 때를 찾을 수 있을 것이다.

책상에서만 숙제하란 법 있나요?

상상력을 발휘하면 어디에서나 공부할 수 있어요

공부 흐름이 갑자기 막히거나 아이가 더는 책상 앞에 앉아 있으려고 하지 않는다면
아이에게 적당한 공부 장소를 스스로 고를 수 있도록 허락해보세요.
사진에서 보듯이 아이들의 아이디어는 참으로 기발하답니다.

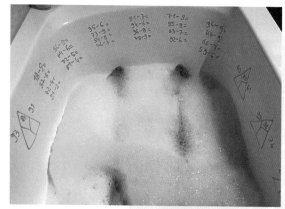

욕조는 물론이고
샤워 부스에서도
공부할 수 있다니!
글씨만 지워지지 않는다면
욕실도 색다른 공부 장소가
될 수 있어요.

책상 앞이 아니라
책상 위에서도!
아이의 상상력에
한계란 없어요.

숨바꼭질하듯 숨어서 해도,
창밖을 내다보면서 해도,
심지어 물구나무선 채로 해도
괜찮습니다.
공부하는 데 도움이 된다면
어디든 어떤 자세든 다 괜찮아요.

인내심 많은 학습 친구

반려동물 옆에서는
마음이 편안해지므로
공부하기에 더없이
좋은 분위기가
만들어진답니다.

구구단은 여러 방법으로 연습할수록 잘 외워진답니다

구구단만큼 놀이로 연습하기에 좋은 주제도 없어요. 동시에 수학에서 구구단만큼 확실하게 짚고 넘어가야 할 주제도 없답니다. 작은 칸 안에 1부터 10까지 적어두면 뛰면서도 구구단 연습을 할 수 있어요. 각 단을 순서대로 외우면서 올라갔다가 또 거꾸로 외우면서 내려오는 거예요. 또한 홀수와 짝수를 익힐 수도 있어요. 짝수에서는 두 발을 모으고 홀수에서는 깨금발을 하다 보면 어느새 홀짝을 구분할 수 있게 되지요.

'그대로 멈춰라!' 연산 놀이

임의의 숫자만큼 구슬을 잡은 아이는 숫자 카드로 만들어진 원 안을 뱅글뱅글 돌면서 노래를 불러요. 그러다 노래가 갑자기 멈추면 손에 든 구슬의 숫자와 자기 앞에 놓인 카드의 숫자로 연산을 시작합니다. 더하든 빼든 곱하든 나누든 마음대로 숫자를 가지고 놀아보세요.

탐정처럼 읽기

교과서 옮겨 적기 숙제는 아무리 해도 지루하지요. 그럴 땐 교과서를 수사하는
탐정이 되어보면 어떨까요? 준비물은 투명한 쟁반과 물컵 그리고 색소입니다.
일단 쟁반에 색소 푼 물을 담아 교과서 위에 올려보세요. 아무 글씨도 안 보이죠?
쟁반 위에 컵을 놓으면 컵 바닥이 놓인 자리만 돋보기로 들여다보듯 글씨가 드러날 거예요.
탐정이 메모하듯 그 부분을 따라가며 옮겨 적다 보면 지루한 숙제도 금세 끝이 납니다.

작은 구슬
하나만 있어도
옮겨 적기를 하는 데
큰 도움이 돼요.
반원형 구슬을
돋보기로 활용해서
단어를 하나씩
관찰해보아요.

창문에서 공부하기
또는 구름에 단어 쓰기

서사시든 단어든 연산이든 생물 시험 준비든
창가에서 공부하지 못할 것은 없어요.
준비물은 수성펜과 창문입니다.
이 방법은 꼭 창문이 아니더라도
샤워부스나 거울 등 매끄러운 표면만 있으면
어디에서나 활용할 수 있어요.
익숙하지 않은 행동을 할수록
재미는 커지고 집중도
잘 되는 법이에요.

8학년(한국의 중학교 2학년)
교실에서는 졸음이 찾아오는
6교시 수업 전에 자리에서
일어나 창밖을 바라보며
잠을 깨운답니다.

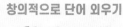

창의적으로 단어 외우기

초등학교 국어 시간에는
일정한 규칙이 없어서 외우기 어렵고
틀리기 쉬운 맞춤법을 한가득 배웁니다.
이 시기에는 부모님들에게 받아쓰기에서
틀린 단어만 모아 창의적인 방법으로
여러 번 반복 연습해볼 것을 권합니다.

손가락을 활용해 모래 위에 단어를
그려보거나 나뭇가지로 매끈한 바닥에
단어를 쓰면서 외워보는 건 어떨까요?
구슬이나 단추로 단어를 만들거나
알파벳 구슬로 목걸이를 만들거나
붓에 물을 찍어 기둥에 써보면서
연습하는 것도 좋습니다.

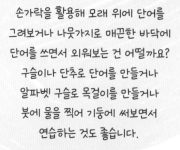

보도블록에 분필로
시프트키와 스페이스바까지 갖춘
컴퓨터 키보드 자판을 그려놓고
알파벳을 발로 짚어가며
단어를 공부한 친구도 있어요.

불 붙이는 걸
좋아하는 아이라면

숙제를 작은 단위로 쪼갠 다음
끝날 때마다 불을 붙여 태울 수
있게 해보세요.
물론 라이터를 쓸 때는 부모님의
감독이 필요합니다.

타이머

타이머는 아이가 스스로 선택한 공간에서 숙제할 때
시간 조절 및 관리를 도와줍니다. 자동차 도로매트 위에서 하든
커다란 종이상자 안으로 들어가든 타이머만 있으면 문제없어요.

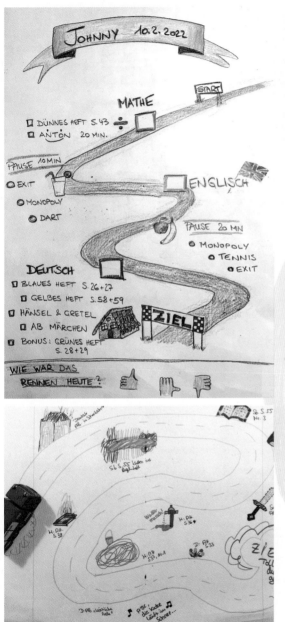

테이프를 붙여서 바닥에 여섯 칸을 만들고
각 칸은 주사위 그림으로 숫자를 표시합니다.
그중 한 칸은 '쉬는 시간'으로 지정하고
휴식할 수 있는 선택지 서너 개를 제시합니다.
그러면 아이는 주사위 게임을 하면서
학습 계획을 완수할 수 있어요.

아이 각자의 관심사를 공부와
연결하는 것도 훌륭한 방법이에요.
학습 계획은 동물원으로 표현할 수도 있고,
경주마 등에 숙제를 태우는 방법으로도
나타낼 수 있지요. 작은 숙제 하나를 끝낸
말은 다음 장애물 코스를 달릴 수 있답니다.

자동차 도로매트나 장난감 기찻길도
학습 계획 지도로 활용할 수 있어요.
각각의 역에 도착해서 정해진 과제를 완수하면
그곳에 놓여 있는 물건을 실어 다음 역으로
출발할 수 있습니다. 여기에서도 휴식을 위한
정거장을 마련해두어야 한다는 것을 잊지 마세요.

꼭 종이가 아니어도 좋아요

단어와 공식을 부지런히 외워야 할 시기에는 다양하고 활동적인 방식으로
연습하는 편이 훨씬 기억하기 좋습니다. 유의어나 관련어를 배울 때는
레고 블록에 지워지는 펜이나 종이테이프를 활용해보세요.
나무 블록이나 젠가 게임의 블록도 상관없습니다.

접시 바닥에 적어보는 순간,
지루한 받아쓰기도 즐거운 놀이가 됩니다.
단 인체에 무해하고 잘 지워지는
펜을 사용하세요.

포스트잇은 언제나 옳다!
집 안 곳곳에 단어를 적어 붙여놓고 창문에
짝을 맞춰 정리하는 놀이를 해도 좋고,
포스트잇 접착면에 숫자를 쓴 다음 파리채로
낚시하듯 잡으며 구구단을 외워도 좋아요.

계절에 따라
창의적인 학습 도구를 선정해보는 것은
어떨까요? 예를 들어 가을이라면
밤을 활용해보는 것입니다.
연산도 읽기도 쓰기도 분류하기도
모두 가능하니 참신하면서도
좋은 학습 도구랍니다.

숙제 제출하는 법
숙제를 창문이나
놀이터 바닥,
혹은
칠판에 쓴 경우라면
사진으로 찍어서
인화한 다음
숙제 공책에 붙여서
제출해보는 것을
교사에게
제안해보세요.

**함께 걸어온 학부모님들에게
감사 인사를 전합니다.**

이 멋진 사진들은 모두 내 인스타그램 팔로워인 학부모님들이
아이들이 실제로 공부하고 숙제한 현장들을 찍어 보낸 것입니다.
말과 글로 설명한 팁과 기술, 방법들을 사진으로 확인하니
한결 생생하고 이해도 쉽지 않나요?

1단계:
아이가 정한 시간에 따르자

부모들은 종종 숙제를 안 하고 친구와 놀겠다는 아이를 붙들어 앉히며 "매도 먼저 맞는 놈이 낫다"라는 말을 한다. 만약 여러분의 아이가 10분 안에 숙제를 끝내는 유형이라면 그대로 시켜도 상관없다. 어차피 해야 할 일이라면 하기 싫은 일이라도 먼저 해놓고 여유를 즐기자는 부모의 바람이 무리 없이 적용되는 아이이기 때문이다.

하지만 내 경험에 비추어볼 때 30~40퍼센트 정도의 아이만 이 경우에 해당한다. 나머지 아이들은 학교에서 돌아오면 일단 편하게 점심을 먹고, 휴식을 취하고, 취미활동을 하고, 친구들을 만나고, 저녁 식사까지 마친 다음, 30분 혹은 1시간쯤 책상 앞에 앉아서 숙제하는 편이 훨씬 낫다.

어떤 아이는 점심 식사를 끝내자마자 숙제를 하라고 억지로 책상 앞에 앉혀두면 3시간이 넘도록 꾸물댄다. 하지만 아침에 일어나 밥을 먹으면서 숙제하는 것을 허락하면 20분 안에 해치운다.

물론 숙제를 다하고 나면 마음 편히 놀 수 있다는 약간의 장점이 있다는 것을 나도 잘 안다. 그래도 이건 어른의 생각일 뿐, 숙제하기에 알맞은 시간과 장소는 아이마다 다르다.

이 세상에 모든 아이에게 적용되는 공통 규칙이란 없다. 모든 아이에게 통하는 만능 팁도 없다. 이 사실을 부모들이 반드시 받아들이기를 바란다.

숙제를 하기에 알맞은 시간은 언제일까

혹시 이른 오후가 여러분 아이에게 맞지 않다고 느껴진다면 단계적으로 변화를 시도해볼 수도 있다. 일주일은 저녁 식사 조금 전에, 그다음 일주일은 저녁 식사 후에 적당한 시간을 내어보는 것이다. 그리고 그다음 일주일은 숙제를 언제 하면 좋을지 결정하는 것을 완전히 아이에게 맡겨보자.

이 중요한 문제를 결정하는 선택권을 아이 손에 쥐어주는 것만으로도 얼마나 많은 갈등이 해소되는지를 직접 경험한 부모들은 신이 나서 내게 그 장면을 보여주고는 한다. 초등학교 2학년 된 딸이 오후와 저녁 시간을 조화롭게 나누어 숙제하는 장면을 묘사한 그들의 메시지에는 경이로움이 가득했다.

그러니 숙제할 시간을 아이와 함께 고민하자. 몇 가지 시간대를 시험해본 후, 다음 질문에 함께 답해본다면 결정하는 데 분명 큰 도움이 될 것이다.

- 오늘 얼마나 집중이 잘 됐니?
- 오늘 우리가 숙제 때문에 싸웠니? 평소에 비해 많이 혹은 적게 싸웠니?
- 이 시간이 우리 가족의 일상생활 속에서 숙제하기에 적절한 시간대인 것 같니?
- 다른 날과 비교했을 때 숙제가 제대로 잘 된 것 같니?

이런 식으로 몇 주를 시험해보면 숙제 시간에 관한 감이 분명하게 잡힐 것이다. 심지어 숙제 시간을 예전처럼 점심 먹은 직후로 유지하자고 해도 숙제하는 아이의 태도는 훨씬 협조적으로 변해 있을 것이다. 그 이유는 첫째, 그 시간이 본인의 자율적인 결정에 따른 것이기 때문이고 둘째, 자신이 늦은 오후부터는 집중하기 어렵다는 사실을 직접 깨달았기 때문이다. 숙제가 아직 남아 있는 한 편안하게 휴식을 취하고 여가를 즐길 수 없다는 것을 받아들인 아이는 스스로 숙제부터 하는 편을 선택한다.

그러니 여유로운 마음으로 이전과 다른 시간대에 숙제를 해보는 것도 시도해보길 권한다. 일주일씩 다양한 시간대에 숙제를 해보기도 하고 아이와 함께 그 경험을 되돌아보면서 내 자녀에게 딱 맞는 시간을 찾는 편이 좋다.

다양한 시간대를 경험해본 결과, 간혹 매일 다른 시간에 숙제를 하겠다고 결정하는 아이도 있다. 솔직히 말하자면 반복적 습관과 몸에 밴 패턴의 힘을 믿는 나로서는 지지할 수 없는 방식이다. 반복적인 패턴이 정해지지 않으면 숙제할 때마다 에너지 소모가 심할 수밖에 없다. '아, 조금만 더 있다가⋯' 하는 마음을 매번 극복해야 하기 때문이다(자세한 내용은 '미루기'의 내용을 다룬 제4장을 참고하길 바란다). 그러므로 일반적으로는 아이가 고정된 시간을 결정할 수 있도록 지도하길 권한다.

아이 공부, 공부 정서부터 키워라

2단계:
숙제 알림음을 정하자

몇 주간의 테스트와 논의 끝에 아이가 오후 2시 30분에 숙제를 시작하기로 정했다고 치자. 이튿날부터 오후 2시 30분이 되면 아이가 모든 준비물을 갖추고 의욕에 불타오르는 태도로 책상 앞에 앉아 있을까? 아니, 그렇지 않을 것이다.

그 모습을 본 부모는 짜증이 치민다. 그래서 아이 방 문을 벌컥 열어젖히고선 소리를 지르게 된다. "정말 이럴 거야? 이 시간에 숙제한다며!"

하지만 처지를 바꿔 생각해보자. 여러분의 배우자가 짜증스러운 표정으로 문 앞에 서서 여러분에게 하기 싫은 일을 하라고 채근한다고 상상해보자. 해야 할 일이 무엇인지와는 상관없이 기꺼이 하고 싶은 마음이 들지 않을 것이다. 아이라고 다르겠는가? 이렇게 군은 분위기에서 숙제를 시작하면 그 끝은 싸움이 될 확률이 높다. 그러므로 기분 좋게 시작하는 것이 무엇보다 중요하다. 그리고 기분을 좋아지게 하는 데는 음악이 최고다.

시작송

숙제를 시작할 때 내가 강력히 추천하는 방법은 시작을 알리는 시작송을 활용하는 것이다. 2~4분 정도의 흥겨운 음악이 좋다. 영화 〈캐리비안의 해적〉주제곡 〈그는 해적이다He's a pirate〉처럼 들으면 뭐라도 해야 할 것 같은 기분이 드는 음악을 찾아 활용하자.

흥겨운 음악을 선곡한 다음에는 음악이 흐르는 동안 할 일을 아이와 함께 연습한다. 나는 음악이 흐르는 2~3분 동안 아이에게 물을 한 잔 마시고 화장실에 다녀오고 책이나 공책, 필통, 삼각자 등 숙제하는 데 필요한 물건들을 챙겨서 식탁의 정해진 자리에 앉는 것을 연습시킨다(정해진 자리는 상황에 따라 다를 수 있으니 이어지는 내용을 참고하자). 음향으로 된 신호는 패턴화된 행동을 머리 깊이 새기는 데 중요한 역할을 한다.

아마 단번에 되지는 않을 것이다. 그렇다고 해도 걱정할 것은 없다. 무엇보다 중요한 것은 아이와 입씨름하지 않는 것이다. 말로 설득하려는 대신, 음악이 나오면 곧장 자리에서 일어나는 연습을 반복한다. 이때 부모가 할 일은 웃으면서 "자, 바로 다시 해보자"라고 말하는 것뿐이다. 아이가 이 모든 것을 흥미로운 도전으로 받아들이는 것이 이 단계의 목표다. 그러려면 음악의 마지막 음절이 울릴 때까지 숙제할 준비를 마치고 정해진 자리에 앉는 연습을 게임처럼 해야 한다.

다섯 번 시도해서 겨우 한 번 성공했다 하더라도 포기하지 말고 계속 시도하길 진심으로 권한다. 수백 건의 경험을 바탕으로 확신하건대, 이 간단한 시작송에는 여러분의 가정생활을 변화시킬 힘이 있다. 언젠가 시작송을 활용하고부터 삶이 바뀌었다며 감사 인사를 전해온 메세지를 받은 적이 있다. "정말 감사해요! 시작송 하나로 모든 문제를 해결했어요. 음악을 활용한 이후로 아이는 투덜거림 없이 숙제를 시작하고 예전보다 훨씬 빨리 끝낸답니다. 너무너무 감사해요!"

시작송 플레이리스트

〈캐리비안의 해적〉 주제곡이 모든 아이, 모든 가정에 맞는 시작송은 아니다. 그래서 나는 인스타그램 팔로워들과 함께 시작송 플레이리스트를 만들었다. 힘이 나고 가슴이 웅장해지는 음악을 추천해달라는 요청에 수천 명이 메시지를 보내주었고, 그 결과 60곡 이상을 추릴 수 있었다. 그렇게 모든 학년, 모든 취향을 섭렵하는 플레이리스트가 완성되었다. 필요하다면 스포티파이에서 '시작송으로 카롤린과 함께 공부하기start-songs von learn learning with caroline'를 검색해보길 바란다 (집중에 도움이 되는 플레이리스트도 함께 업로드되어 있다). 아이와 함께 하나씩 들어보면서 마음에 드는 곡을 골라보자.

자, 이제 의욕을 샘솟게 하는 시작송은 끝이 났고 아이는 자기 자리에 앉았다. 본격적으로 숙제를 시작할 차례다.

3단계:
숙제 시간을 체계적으로 나누자

지금까지 우리는 숙제를 시작하는 데 필요한 두 가지 단계를 마쳤다. 첫 번째는 숙제할 적절한 시간을 정하는 것이었고, 두 번째는 시작 알림송을 정해서 숙제를 재미있게 시작하는 것이었다. 이제부터 우리가 할 일은 숙제 시간을 체계적으로 나누는 작업이다.

일단은 숙제의 개요를 파악할 필요가 있다. 그다음 알맞은 순서를 정하고, 마지막으로 각 순서마다 필요한 시간과 숙제 전체를 끝내는 데 필요한 시간의 범위를 정한다.

먼저 아이에게 알림장을 펼쳐서 오늘의 숙제를 읽도록 한다. 독일어 활동지와 사회 과목 필기 공책 정리, 수학 교과서 79쪽 문제 2~4번 풀기를 숙제로 받았다. 이외에도 종교 수업에서 그리던 그림을 마무리해야 하며, 며칠 후에 있을 시험을 대비해 단어 암기도 해야 한다.

모두 다섯 가지. 이것으로 오늘 할 일의 개요가 파악되었다.

부모 눈에 다섯 가지 중 어려워 보이는 것은 하나도 없다. 하지만 아이 눈으로 보면 숙제를 다 합친 양이 산더미처럼 많아 보일 수 있다.

이때 부모의 역할은 아이를 끌고 산을 넘는 게 아니라 아이가 혼자 정상까지 이를 수 있도록 적당한 계단을 깔아주고 휴식 시간을 알려주는 것이다. 이는 아이가 혼자 할 수 있는 일이 아니다. 이 점을 이해하지 못한 부모님들은 간혹 내게 아이의 숙제를 꼭 도와주어야만 하는지, 몇 살까지 도와주어야 하는지 묻는다.

그럴 때마다 나는 도움을 줄지 말지는 도움이 무엇인지에 따라 다르며, 아이가 필요로 할 때까지는 도와주는 게 좋다고 답한다. 이에 이의를 제기하는 분들도 있다. "4학년부터는 혼자 숙제할 수 있어야 하니 늦어도 그때부터는 부모가 간여하지 않는 게 좋지 않나요?"라고 반론하는 부모도 많다. 그럴 때면 나는 그저 어색한 미소로 화답할 뿐이다.

나는 그런 주장이 비교적 걸음마가 늦은 아이를 둔 부모에게 "이제는 아이 혼자서 걸어야 할 때가 됐다"라며 유아차를 버리라고 충고하는 것과 같다고 생각한다. 간혹 학교에 입학하자마자 혼자서 숙제를 하는 아이도 있다. 나 역시 그런 아이를 자녀로 둔 부모님들에게는 간섭하지 말라고 단호하게 말하는 편이다.

섣불리
간섭하지 말자

은근히 많은 부모가 자녀의 학교생활에서 대리만족을 느낀다. 색칠하고, 단정한 글씨로 공책을 채우고, 쉬운 수학 문제를 푸는 데서 재미를 느끼는 분들이다. 학창 시절에 좋은 추억이 많았던 부모들은 마치 아이의 학교생활을 회춘의 기회로 여기는 것처럼 행동하기도 한다. 아이가 받아온 미술 숙제에 가위와 풀을 손에 쥐고 반듯하게 자른 것을 도화지에 깔끔하게 붙이면서 즐거워한다.

하지만 혼자 숙제하는 것에 충분한 자립심과 책임감을 가진 아이라면, 설사 그것이 여러분의 기대만큼 완벽하지 않더라도 절대 어떠한 간섭도 해서는 안 된다.

아이의 눈높이에서는 부모가 공책을 내려다보면서 계산 실수를 지적하는 것도 간섭이다. 아이 손에서 연필을 빼앗아서는 이렇게 하

아이 공부, 공부 정서부터 키워라

면 더 잘할 수 있다며 시범을 보이거나 아이가 내용을 다 이해했는지 궁금하다며 꼬치꼬치 캐묻는 것도 마찬가지다.

아주 작은 간섭에도 아이는 "아, 이건 내가 책임질 게 아닌 엄마, 아빠의 일인가 봐. 나는 그냥 아무것도 하지 말고 뒤로 물러나 있어야지"라고 느낄 수 있다.

그러므로 간섭을 삼가자. 성급한 간섭은 아이의 자립심이라는 소중한 보물에 흠집을 낸다. 스스로 해결하고 자기 힘으로 해낼 수 있는 모든 일은 아이만의 성역으로 보호받아야 한다.

하지만 이 책을 선택한 여러분은 '혼자서도 척척 잘하는' 아이의 부모가 아닐 수도 있다. 하지만 지금의 아이 상태는 문제 될 게 없다. 아이의 현재 모습과 미래 모습 사이에는 아무런 상관관계가 없기 때문이다.

부모인 우리는 우리가 당면한 아이의 문제를 두고, 좀 더 그럴싸한 말로 표현하자면 아이의 현재 발달 상태를 두고 열 발자국쯤 앞서 나가서 '이래서 대학이나 갈 수 있을지' 혹은 '고등학교는 제대로 졸업할 수 있을지'를 걱정한다.

그러나 20년째 아이들을 가르치고 있는 내 눈에는 큰 그림이 보인다. 내가 열 살 때 가르쳤던 아이는 멋진 스물여덟 살 청년이 되었다. 5학년 때까지 혼자서는 숙제도 할 줄 모르고, 맞춤법도 맨날 틀리고, 가만히 앉아 있지 못해 '엉망진창'이란 소릴 듣던 아이가 차츰 성장하고 발전해 어엿한 어른이 된 모습을 보았다.

그러니 부모님들이여, 제발 안심하시라. 모든 아이는 무엇이든 된다. 심지어 나조차 장래를 비관했던 학생이 성공한 경우도 있었다. 6학년 때 두 과목에서 낙제하고 다섯 과목은 낙제 직전의 점수를 받았다. 학교 공부에 너무 많이 뒤처져서 유급을 한다 해도 희망이 보이지 않는 정도였다. 하지만 아이는 (비록 높은 점수는 아니었지만) 무사히 대학에 입학하여 디자인을 전공했고 현재는 산업 디자이너로 승승장구 중이다.

그러므로 걱정이 많은 부모님들에게 애정을 듬뿍 담아 충고한다. 지금 당장 아이가 학교 공부에 어려움을 겪고 자기조직화(주어진 문제에 정확한 해답을 모르는 상태에서도 스스로 학습할 수 있는 능력을 말한다.-옮긴이)에 문제가 있는 것처럼 보인다고 해서 이것이 곧 아이의 미래라고 생각해선 안 된다. 아이는 알아서 클 테니 뒷짐 지고 쳐다보라는 뜻도 아니다. 여러분 아이에겐 분명 도움이 필요하다. 앞서 언급한 성공 사례는 모두 적절한 지원과 지지가 있었기에 가능했다. 도움의 손길 덕분에 처음에는 극복하기 어려웠던 문제도 몇 년에 걸쳐 해결할 수 있었고 스스로 학습하게 되었으며 학교도 잘 마칠 수 있었다.

여기에서 내가 부모님들에게 당부드리는 것은 아이가 지금 당장 무엇을 잘하지 못한다고 해서 좌절하지 말라는 것이다. 부모가 먼저 성장 마인드셋을 탑재하고 이렇게 말할 수 있어야 한다. "내 아이가 **아직은** 못하지만 배워서 못 할 것은 없다." 또한 아이가 실패하는 것을 보고만 있어도 안 되지만 아이의 일을 대신 해줘도 안 된다. 부모의 역할은 아이가 혼자 해낼 수 있도록 돕는 것이다. 따라서 숙제를 체계적으로 나누어 구성해주는 것이 아이를 돕는 적절한 최선의 방법이다.

체계만 잘 잡아도 절반은 성공: 학습 계획표 짜기

○

숙제를 체계적으로 구성하는 데 필요한 핵심은 바로 학습 계획표다. 공부할 내용을 진행 과정에 맞춰 상세하게 계획하여 표에 적는 것이다. 아이에게 숙제의 목표와 과정을 보여주는 이 계획표에는 다음 세 가지 질문의 답이 담겨야 한다.

- 오늘 내가 해야 할 일은 모두 무엇이지?
- 지금까지 얼마나 했지?
- 앞으로 얼마나 더 남았지?

학습 계획표는 아이가 목표를 쉽게 달성할 수 있도록 숙제를 아주 작은 분량으로 쪼개어 단계적으로 보여주는 것이 가장 이상적이다. 적당한 분량은 아이에 따라 조절한다.

앞서 예로 든, 아이가 받아온 다섯 가지 숙제 중에서 독일어 활동지를 예로 들어보자. 학습 계획표에 '독일어 활동지 풀기'를 그대로 적어 넣어도 무난하게 해치우는 아이도 있다. 하지만 혼자서 소화하지 못하는 아이도 분명히 있다. 그럴 때는 활동지를 '1번', '2번'으로 쪼개 계획표에 넣는다.

학습 계획을 처음 짜보는 거라면 아이가 달성할 수 있는 수준보다 조금 낮게 목표를 설정하길 권한다. 아이에게 긍정적인 학습 경험, 즉 공부 정서가 쌓여서 아이가 새로운 방식에 마음이 열리는 게 우선이기 때문이다. 아이는 금세 적응하니 난이도는 그때 높여도 늦지 않다.

구체적 학습 계획의 사례

앞서 예로 든 다섯 가지 숙제를 다시 한번 살펴보자. 우리가 기억해야 할 것은 아이가 독일어 활동지를 풀고, 사회 숙제로 필기 공책을 정리해야 하며, 수학 숙제로 79쪽 문제 2~4번을 공책에 풀어가야 하고, 종교 수업에서 그리다 만 그림을 완성해야 한다는 것이다. 그리고 추가로 며칠 후로 예정된 단어 시험도 준비해야 한다.

이 다섯 가지 숙제를 열 단계로 나누어야 할 수도 있고, 아니면 더 많은 단계로 잘게 나누어야 할 수도 있다. 가령 내 앞에 앉은 아이가 학습과 숙제에 강한 거부 반응을 일으킨다면(이는 아이의 과거 경험과 관련된 것으로 지능이나 장래와는 아무 상관이 없다) 나는 학습 계획을 잘

아이 공부, 공부 정서부터 키워라

게 나눌 뿐만 아니라 창의적으로 구성하는 데도 신경을 쓴다. 말하자 면 아이가 거리낌 없이 숙제에 참여할 수 있도록 흥미롭고 눈길이 갈 만한 사랑스러운 초대장을 보내는 것이다.

예를 들어 나는 메모지 여러 장에 '1회분 숙제'를 적어 아이 방에 깔린 자동차 도로매트 위에 흩트린다. 매트 위에 그려진 경찰서, 공항, 철길에 각각 수학 숙제, 단어 암기, 그림 그리기 숙제를 올려놓는 식이다.

시작송이 끝날 무렵 방에 들어온 아이는 자기가 좋아하는 매트 위에 흩어진 채 놓인 메모지를 발견한다. 그러면 나는 색 테이프로 도로에 진행 방향을 표시하고 짐칸이 달린 장난감 화물차를 매트 위에 올려둔다.

그리고 '1회분 숙제'가 올려진 지점마다 작은 인형을 세운다. 플레이모빌도 좋고 레고도 좋으며 공룡이나 파충류 인형도 좋다. 이 학습 계획의 목적은 화물차와 함께 매트 위 도로를 따라간 아이가 첫 번째 숙제가 놓인 곳에 도착해 숙제를 해결하면 그 자리에 놓여 있던 인형을 짐칸에 싣고 다음 과제가 놓인 지점으로 이동할 수 있도록 하는 것이다.

이렇게 하면 아이는 숙제를 향한 불편한 감정을 금세 잊고 인형을 모으는 데서 재미를 느끼게 된다.

원한다면 마지막 지점에는 오후나 저녁 일정을 알리는 메모를 넣을 수도 있다. 예를 들어 '친구들과 축구하기'나 '엄마와 함께 피자 만들기' 등을 추가하는 것이다. 단 마지막 역에서 하는 일이 숙제를 마친 데 따른 보상으로 받아들여져서는 안 된다(제3장 참고). 단순히 오후에 하거나 하루를 마무리하기 위해 하는 활동 정도로만 인식하게끔 하는 게 좋다.

창의적 학습 계획표의 중요성과 가치

여러 해 동안 나는 다양한 종류의 창의적 학습 계획표를 개발해왔다. 이 과정을 이야기하려면 다시 한번 나의 인스타그램 팔로워들을 언급하지 않을 수 없는데, 특히 코로나 대유행으로 인한 홈스쿨링 학습 기간에 엄청나게 많은 창의적인 학습 계획표가 인스타그램 채널을 통해 수집되었다(그 대표 사례는 193쪽 '책상에서만 숙제하란 법 있나요?' 부분에서 확인할 수 있다).

물론 학습 계획표를 만드는 것은 일이다. 하지만 투자할 가치가 충분하다고 장담한다. 10분에서 많으면 최대 20분을 투자해 계획표만 잘 짜놓아도 아이는 평소보다 짧은 시간 안에 숙제를 마친다. 더 나아가 아이에게 긍정적인 학습 경험이 쌓인다. 알다시피 학습에서 문제를 겪을수록 긍정적인 공부 정서가 무엇보다 중요하다.

공부하길 싫어하는 아이에게는 부정적 학습 경험이 쌓였을 가능성이 크다. 우리가 이 경험을 모두 지울 수는 없지만 긍정적인 경험을 덧입힐 수는 있다. 나는 그런 아이를 만나면 최대한 그리고 자주 긍정적인 학습 경험을 심어주는 것을 최우선 목표로 삼는다. 해보니 혼자서도 할 수 있더라, 생각만큼 오래 걸리지 않더라, 하다 보니 배우는게 많더라, 결국에는 완성할 수 있더라 같은 경험을 늘려서 결국 숙제

학습 계획

할 일

날짜

1.

2.

3.

4.

5.

체크
하기

오늘 내 기분은 어떠한가요?

색칠
하기

오늘 물 1리터를 마셨나요?

오늘 공부한 내용 중에서 기억나는 것!

야외 활동을 했나요?

네   아니요

운동을 했나요?

네   아니요

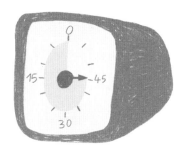

를 반갑게 받아들이도록 유도하는 것이다.

그래서 나는 아이가 더 이상 필요로 하지 않을 때까지 창의적인 학습 계획표로 아이의 흥미를 자극한다. 그러다 어느 순간 학습 계획을 향한 아이의 관심이 시들해지면서 곧장 본론으로 들어가려 할 때가 올 것이다. 그럼 다음의 '일반적' 학습 계획으로 자연스레 전환하면 된다.

일반적 학습 계획은 다섯 개의 '할 일'로 구성된다. 내 경험상 항목은 다섯 개가 가장 적당하다. 항목이 세 개일 땐 각각의 과제가 너무 커지고 다섯 개가 넘으면 보자마자 할 일이 '너무 많다'고 느낀 아이가 의욕을 잃어버릴 우려가 있다.

나는 공부 시간이 시작되면 아이와 함께 이 학습 계획표부터 작성한다. 그리고 오늘은 어떤 과제를 얼마나 할지, 필요한 준비물은 모두 갖췄는지 이야기한 다음 본격적으로 공부를 시작한다.

그러는 동시에 정한 시간만큼 타이머를 맞춘다. 위의 그림처럼 시간이 원을 따라 표시되어 있는 타이머를 활용하곤 하는데, 시간이 흐름에 따라 시시각각 줄어드는 면적을 통해 남은 시간을 시각적으로

아이 공부, 공부 정서부터 키워라

확인할 수 있다. 혹시 집에 이런 타이머가 없다면 무료로 제공되는 애플리케이션을 사용해도 좋다.

아이의 학습 유형을 존중하고 싶다면
Tip 4. 타이머 활용하기

타이머는 부모와 아이 모두에게 대단히 중요한 도구다. 아이는 타이머를 봐야 자기에게 주어진 시간의 분량을 실감할 수 있다. 시간 개념이 없는 아주 어린 아이는 5분과 5년을 분간하지 못한다.

저학년 아이들도 크게 다르지 않다. '15분 안에 수학책 3~5번 문제 풀기'라는 지시가 정확하게 무슨 뜻인지 모를 때가 많다. 시간 감각은 나이가 좀 더 들어야 발달하기 때문이다. 하지만 타이머를 활용하면 그 감각이 발달하지 않아도 시간의 양을 가늠할 수 있다.

처음 연습을 시작할 때면 나는 파악하기 쉬운 작은 숙제로 활용한다. 아이가 숙제하는 동안에 의식하지 못하도록 조용히 시간을 잰다. 그리고 숙제를 마치면 "이번 숙제를 하는 데 7분이 걸렸어"라고 말해준다. 이를 몇 번 반복한 다음에는 계획된 숙제를 시작하기 전에 아이에게 얼마나 걸릴 것 같은지 물어본다. 아이가 예상 시간을 말하고 숙제를 시작하면 뒤에서 조용히 시간을 잰다. 숙제가 끝난 뒤에는 아이가 예상한 시간과 실제 소요 시간을 비교한다. 아이의 예상이 정확해지면 아이의 시선이 닿는 곳에 타이머를 올려두고 묻는다. "좋아, 이번 숙제는 얼마나 걸릴 것 같니?" 아이가 "8분이요"라고 대답하면

그 시간에 따라 타이머를 맞추고 시작하면 된다. 혹은 15분으로 타이머를 맞추고 이 시간 동안 숙제를 얼마나 할 수 있을지 물어볼 수도 있다.

오래 앉아 집중하는 것을 힘들어하는 아이에게도 타이머가 도움이 된다. 남은 시간을 눈으로 본 아이가 "시간이 얼마 남지 않았네. 이 정도는 버틸 수 있어!"라고 생각하기 때문이다.

우리가 무조건 피해야 할 것은 한 가지 숙제를 무한정 질질 끄는 상황이다. 그러므로 타이머가 울리면 무조건 하던 것을 멈추게끔 하자. 아직 숙제를 끝내지 못했더라도 타이머가 울리면 일단 멈추는 연습이 필요하다.

시간이 짧아야
오롯이 집중한다

여러분도 알다시피 한 아이가 숙제에 집중할 수 있는 최대 시간은 아이에 따라 제각각이다. 대강 알 수 있는 계산법은 있다. 아이의 만 나이에 2를 곱하면 각 연령대 별로 집중할 수 있는 최대 시간이 나온다.

가령 일곱 살 아이가 집중할 수 있는 시간은 7~14분이다. 그러므로 일곱 살짜리와 숙제할 때는 타이머를 14분을 초과해 맞춰서는 안 된다.

여러분의 일곱 살 자녀가 7분은커녕 4분밖에 집중하지 못할 수도 있다. 하지만 걱정할 것 없다. 계획의 단위를 더 잘게 잡으면 된다. 집중 시간은 연습을 통해 얼마든지 길어질 수 있다.

타이머로 시간을 재는 동안에는 오롯이 집중하는 연습을 하는 것이 중요하다. 나는 이를 '마법의 시간'이라고 부른다. 일단 타이머가 움직이기 시작하면 종이와 연필, 숙제 외에는 아무것도 눈에 들어오지 않아야 한다. 한눈팔기 금지, 두리번거리기 금지, 잡담 금지, 일어나기 금지. 정해진 시간 동안에는 오로지 눈앞에 놓인 숙제를 가능한 한 빠르게 그리고 정확하게 완성하는 데 전력을 다하는 것이 이 연습의 목표다.

이 정도로 집중하려면 이 긴장 상태가 오래가지 않고 곧 짧은 이완의 기회가 온다는 것을 아이가 잘 알고 있어야 한다. 그러기 위해서는 무엇보다 작고 쉬운 것부터 시작해야 한다. 처음부터 부담스럽지 않도록, 짧고 간단한 숙제로 시작해서 차츰 시간과 분량을 늘려 아이가 이 마법의 시간을 긍정적으로 경험할 수 있도록 해야 한다. 물론이 과정이 순조롭기만 할 수는 없다.

가끔은 타이머를 설정했는데도 아이가 의도적으로 규칙을 어길 때가 있다. 그럴 때면 나는 타이머를 멈추고 아이에게 묻는다. 무슨 일이야? 배고프니? 목마르니? 화장실에 가고 싶니? 움직이고 싶니? 숙제가 이해되지 않니?

방해 요소를 모두 제거한 후에 우리는 다시 시작한다. 내게 중요한 것은 이 마법의 시간이 변질되지 않는 것, 즉 이 시간만은 오롯이 목표 달성을 위해 깊게 집중하는 것이다. 익숙해질 때까지는 아이를 너무 엄격하고 원칙적으로 대하는 게 아닐까 걱정할 수도 있다. 하지만 이는 분명 가치 있는 일이며 자녀들에게 큰 선물이 될 것이다. 정해진 시간 안에 집중하는 습관에 익숙해진 아이는 자리에 앉아 타이머를 설정하고 자기 일에 집중하는 능력을 평생 동안 갖추게 된다.

아이 공부, 공부 정서부터 키워라

휴식하는
기술

앞서 말했듯이 아이가 얼마나 오래 집중할 수 있는지는 제각각이지만 연습을 통해 집중하는 시간을 충분히 늘릴 수 있다. 다음 232쪽 상단의 그림은 집중력의 성격을 대략 보여주고 있다.

우리는 비교적 일정하게 집중하다가도 어느 순간 급격하게 집중력이 떨어지게 되는데, 그때부터 걷잡을 수 없이 산만해진다는 것을 경험을 통해 알고 있다. 대부분 이때 휴식을 취하는데 이는 실수다.

집중하는 시간은 마법의 시간이어야 한다. 그것이 온전히 긍정적이기만 한 경험이 되려면 보호자는 아이의 집중력이 모두 소진되어 부정적인 학습 경험이 발생하기 전에 휴식을 취하도록 지도해야 한다. 그러려면 집중력이 급격하게 떨어지는 순간을 가능한 한 정확하게 포착하여 즉각적으로 대응해야 한다. 다시 말해, 집중력이 사라지

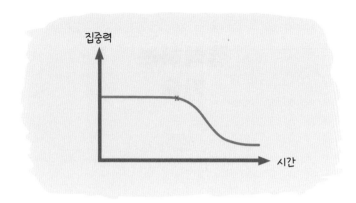

기 직전에 집중을 멈추게 하고 휴식을 취하게끔 해야 한다. 예방적 휴식을 취해야 한다는 말이다.

이는 단지 유년기뿐만 아니라 평생에 유용한 기술이다. 기력이 전부 소진되기 전에 쉬는 기술을 배우지 못해서 에너지가 바닥날 때까지 밀어붙이는 습관이 들면 어른이 되어서 번아웃에 빠질 수 있다. 그래서 나는 어릴 때 휴식하는 법을 제대로 배우는 것이 매우 중요하다고 생각한다. 쉬어도 된다는 것을, 쉬어야만 한다는 것을, 집중력이 완전히 바닥나기 전에 쉬는 것이 낫다는 것을 어려서부터 배워야 한다. 미리 휴식을 취하면 공부가 더 잘 된다. 좋은 컨디션으로 집중해 공부할 수 있기 때문이다. 그러므로 아이의 집중력이 급격히 떨어지기 시작하는 낌새가 보이면 그 즉시 공부를 멈추고 휴식을 취하게끔 하자. 그렇다면 그 낌새를 어떻게 알아챌 수 있을까?

아이 공부, 공부 정서부터 키워라

그만할 때와 밀어붙일 때

아이가 공부하는 동안 곁에 있다면 당연히 관찰을 통해 집중력이 약해지는 순간을 포착할 수 있다. 바로 쓰는 속도가 느려지거나 먼 산을 쳐다보거나 갑자기 오답이 늘어날 때다. 나는 그 즉시 말한다. "그만! 잠깐 쉬는 게 좋겠어." 하지만 이 방법은 타이머가 돌아가고 있는 정해진 공부 시간과 상충할 수 있다. 따라서 아이가 얼마나 오래 집중할 수 있는지를 경험적으로 파악할 때까지는 정해놓은 시간보다 타이머를 1~2분 정도 줄여 맞춰서 중간중간 계속 쉬는 편이 낫다. 예를 들어 우리 아이가 평소에 11분 정도는 집중하고 그 이후엔 급격히 주의가 산만해진다고 치면 타이머를 9분 정도로 맞추는 것이다.

아직 타이머가 4분이나 남았는데도 아이의 집중력이 흐트러지는 기미가 보이면 곁에 앉은 학습 동반자가 이렇게 말해줄 수도 있다. "집중력이 떨어지는 게 느껴지네. 하지만 타이머를 봐. 4분밖에 남지 않았어. 자자, 지금부터 온 힘을 다하면 금방 끝난단다!"

실제로 가물가물하던 아이들도 타이머 시간이 얼마 남지 않았다는 것을 확인하는 순간, 남은 에너지와 집중력을 끌어올려 눈앞의 과제를 해치우곤 한다.

이마저도 소용없다면 주변 상황을 돌아볼 필요가 있다. 지난밤 아이가 잠을 설쳤거나 몸이 좋지 않을 수도 있고 숙제가 너무 어려워서일 수도 있다.

그럴 땐 지체하지 말고 "그만, 휴식!"을 외쳐야 한다. 뻔히 쉬어야 할 상황인데 우물쭈물하다가는 아이에게 부정적인 학습 경험만 강하게 남을 뿐이다.

집중 시간이 끝나간다는 것을 타이머로 확인한 아이는 '집중력 엔진'에 불을 붙일 수도 있지만 아닐 수도 있다. 우리가 곁에서 억지로 할 수 있는 것은 없다. 그러므로 지지부진할 땐 바로 쉬어야 한다.

집중력을 올리는 휴식의 세 가지 조건

집중력을 다시 끌어올리기 위한 휴식은 다음 세 가지 조건이 충족되어야 한다. 첫째, 몸과 머리의 움직임이 있어야 하고 둘째, 긴장을 풀어주고 여유를 가져다주는 웃음이 있어야 하며 셋째, 신선한 공기가 있어야 한다. 바깥에 나갈 수 있다면 가장 좋지만 상황이 여의치 않다면 창문이라도 활짝 열어야 한다.

세 가지 조건을 모두 갖춘 휴식을 취하는 동안 바닥을 보이던 집중력 창고는 금세 다시 채워진다. 그러면 우리는 다시 자리에 앉아서 하던 일을 계속할 수 있다. 구체적인 예를 들어보자. 우리가 아이와 함께 15분 단위로 집중하여 공부한다고 가정해보자. 타이머도 15분에 맞췄다. 이때 나는 휴식 시간이 2분에서 4분으로 최대 5분을 넘지 않길 권한다. 휴식이 너무 길고 즐거우면 다시 공부하는 자리로 돌아오기가 어렵기 때문이다. 휴식이 매우 귀중하고 의미 있는 것은 사실이지만 큰 그림에서 휴식도 공부의 일환이라는 사실을 잊어서는 안 된다. 또한 이를 우리만 알아서도 안 된다. 아이에게도 휴식 시간과 공부 시간의 연관성을 구체적으로 그리고 반복적으로 설명해주어야 한다.

그래서 나는 휴식이 왜 중요하며, 휴식하는 동안 우리 뇌에서는 어떤 일이 일어나고, 뇌와 혈액에 산소를 공급하는 것이 얼마나 중요하며, 깊은 호흡으로 혈액을 통해 뇌에 공급된 산소가 깊게 생각하고 차분하게 앉아 있는 데 얼마나 큰 도움을 주는지 자주 그리고 기꺼이 설명한다.

하지만 백 번의 설명보다 직접 해보는 것이 낫다. 휴식이 왜 좋은 지, 휴식을 취한 후에는 기분이 어떻게 나아지고 공부가 얼마나 더 잘 되는지를 실제로 경험한 아이는 체계적으로 휴식을 계획하고 적극적으로 그 혜택을 누린다.

그래서 나는 휴식 시간 전에 아이에게 이렇게 말한다. "잠시 눈을 감고 지금 어떤 기분이 드는지 느껴보자. 네 손과 머리와 어깨에 어떤 느낌이 드니?" 짧은 휴식 후에 다시 공부를 시작하기 전에도 아이에게 말한다. "다시 눈을 감고 지금은 어떤 기분인지 느껴보자. 차이가 느껴지니?"

두어 번만 시도해도 아이는 자기 기분을 인식할 수 있게 된다. "아, 더는 집중할 수 없을 것 같은 기분이 들어요." "이제는 온몸에 피가 잘 통하는 기분이에요. 머리도 잘 돌아갈 것 같아요."

이런 인식은 학령기를 지나 평생에 도움이 될 엄청나게 소중한 능력이다. 어릴 때는 모르다가 어른이 된 지 한참 지나서야 이 감각을 알게 되는 사람도 많다. "아, 푹 자고 운동하고 건강한 음식을 먹고 수분을 충분히 섭취했더니 컨디션이 이렇게 좋구나." 이런 기분과 깨달음은 자기 몸과 마음에 유익한 행동을 찾는 동기가 된다. 긴장을 풀고 집중력을 다시 끌어올리기 위해 규칙적으로 의미 있는 휴식을 취하는 것 역시 여기에 해당한다.

휴식을 구성하는 구체적인 방법

가장 쉬운 방법은 정해진 휴식 시간과 길이가 딱 맞는 휴식송을 틀어주는 것이다. 방 안에 울리는 음악을 신호 삼아 노래가 들리는 즉시 자리에서 일어나 휴식을 취하도록 한다. 휴식송이 끝나면 자동으로 오디오가 꺼지도록 설정한다. 그러면 음악의 끝이 곧 휴식의 끝이 되고 침묵 속에서 다음 공부 시간이 시작된다. 나는 휴식송으로 신나는 노래를 고르는 편이다. 스포티파이에 업로드 된 시작송 리스트에서 휴식송을 골라도 된다. 단 시작송과 휴식송을 달리 정해서 신호의 혼동을 예방하는 것이 좋다.

휴식송이 울리면 아이는 자리에서 일어나 마음대로 움직이면 된다. 방 안을 뛰어다니거나 춤을 추거나 소파나 의자 위로 뛰어오르거나 테이블 아래를 기어도 된다. 온 집의 계단과 가구를 뛰어넘으며 위험하지 않은 선에서 파쿠르parkour(도구와 장비 없이 건물을 기어오르거나 건물과 건물 사이를 뛰어다니며 체력을 단련하는 스포츠다.-옮긴이)를 해도 된다.

그러면 좋은 휴식을 위한 조건들은 모두 충족된다. 아이는 움직이고 웃고 크게 숨을 들이마신다. 그러다가 노래가 끝나면 다시 자리에 앉는다. 어떤 아이들은 휴식송이 시작되기 무섭게 정신없이 뛰기 시작한다. 하지만 몸을 움직여서 노는 데 관심이 없는 아이들도 있다.

그럴 때는 몸을 움직이게 도와줄 필요가 있다. "팔 벌려 뛰기 열 번만 해볼까?"라고 제안하거나 앞 구르기를 세 번 하거나 잠시 물구나무서기를 해보도록 하는 것도 좋다. 특히 머리를 아래로, 다리를 위로 들어 올리는 동작은 두뇌 회전에 도움이 된다. 물구나무서기는 요가에서도 강조되는 동작이다. 거꾸로 섰다가 일어서면 머릿속이 말끔히 정리된다. 아이만 시킬 게 아니라 여러분도 함께 해보길 권한다. 몸과 마음에 좋을 뿐만 아니라 아이와 함께 놀기에도 좋다. 엄마나 아빠의 다리를 붙들고 서 있는 내내 아이는 웃음보를 터트린다.

마당이 있는 집이라면 현관문을 열어놓고 이렇게 말하는 것도 좋다. "노래가 끝날 때까지 집을 몇 바퀴나 돌 수 있는지 한번 해보자!" 마당이나 거실에 트램펄린이 있다면 적극적으로 활용해보자. 트램펄린을 3분만 뛰어도 온몸에 피가 빠르게 돌고 운동 욕구가 해소되며 공부할 의욕이 되살아난다. 그 외에 네발로 기어 거실 한 바퀴 돌기, 오리걸음으로 마당 한 바퀴 돌기, 한 발로 뜀뛰기, 뒷걸음질로 가구 주변 돌기 등을 통해 몸을 움직여보자.

혹시 제약이 많은 실내 환경이라면 음악에 맞춰 신나게 춤을 추는 것도 방법이다. 춤을 싫어하는 아이라면 그저 팔과 다리와 몸통을 힘차게 흔들면 된다. 아이가 어색해한다면 여러분이 먼저 직접 시범을 보여주자. 제자리에 똑바로 선 다음, 손을 몸에서 최대한 멀리 던지는 시늉을 하면 된다. 손뿐만 아니라 나를 괴롭히는 모든 것도 함께 던져버린다는 상상을 하면 몸짓이 더욱 격렬해진다. 오른손으로는 '이 바보 같은 숙제들'을 내던지고, 왼손으로는 '다음 주에 칠 멍청한 시험들'을 내던진다. 대상이 무엇이든 싫어하는 것이라면 이렇게 확실하게 내던진다. 위아래로 격렬하게 몸을 흔들어서 부정적인 감정과 스트레스가 몸 밖으로 빠져나가게 한다. 단짝 친구와 싸워서 화가 나거나 선생님께 혼이 나서 짜증이 날 때도 이런 식으로 마음속 오물을 털어버리면 기분이 한결 나아진다. 나를 괴롭히는 것이 무엇이든 내 몸과 머리 밖으로 털어버리는 것이다.

선택지는 다양하다. 하나씩 시도해본 다음, 어느 시점부터는 한두 가지를 정해 규칙적으로 반복할 것을 권한다. 에너지 충전에 도움이 되는 나만의 휴식 루틴을 만드는 것이다. 아이가 "와, 이거 정말 효과가 있네!"라고 느끼면 그때부터 일은 알아서 굴러간다. 때로는 아이들이 휴식 시간을 보내기에 좋은 방법을 먼저 제안해올 때도 있으니 함께 해보자.

집중력을
높이는 게임

이제껏 설명한 휴식과는 완전히 다르지만 효과 면에서는 절대로 뒤처지지 않는 휴식 방법이 바로 집중력 게임이다. 으음, 집중력 게임이라고? 휴식과는 전혀 안 어울리는데? 휴식 시간에는 머리를 편안히 쉬게 해야 하는 게 아닌가?

많은 이가 이러한 일반적인 믿음을 따라 휴식을 취하지만 기대에 못 미치는 효과를 얻는다. 편하게 쉰다고 해서 집중력이 강해지고 에너지가 충전되는 것은 아니기 때문이다. 오히려 공부하거나 일할 때와 전혀 다른 방식으로 머리를 굴리는 게 효과적이다. 그러면 우리의 뇌가 다시 '깨어나' 집중력이 올라가고 강해진다. 같은 맥락에서 최악의 휴식 습관은 가만히 앉아서 스마트폰을 쳐다보는 것이다.

스마트폰을 볼 때는 우리가 원하는 것과 정확히 반대되는 일이 일어난다. 첫째, 몸을 움직이지 않는다. 둘째, 나쁜 자세를 유지한다. 셋째, 단조로운 자극을 받는다. 스마트폰을 보다가 공부를 하려고 하면 뇌는 스마트폰이 제공하는 것보다 훨씬 지루한 정보를 받아들이고 싶어 하지 않는다. 그러므로 휴식 시간에는 스마트폰 게임 대신 집중력 게임을 권한다.

집중력 게임을 하려면 어른의 지도가 필요하다. 다자녀 가정이라면 익숙해진 아이들끼리 게임을 할 수도 있다. 이 책에서는 두 가지 게임을 예로 들어보겠다.

1, 2, 3 게임

내가 제일 좋아하는 집중력 게임은 1, 2, 3 게임이다. 두 사람이 마주 앉아 서로의 눈을 바라보며 1, 2, 3을 번갈아 센다. A가 "1!"을 외치면 B가 "2"를 외치고, A가 "3"을 외치면 B가 "1"로 돌아간다. 참여하는 사람의 수가 홀수냐 짝수냐에 따라 자기 차례에 말하게 되는 숫자가 달라지므로 집중력이 필요하다.

두 사람이 실수하지 않고 3까지 빠르게 세기를 여러 번 시도하다 보면 서로 부르는 숫자가 계속 바뀐다. 게임이 순조롭게 진행되면 자연스레 속도가 빨라져서 점점 어려워진다. 중간에 누군가 실수하면 그것대로 무척 재미있는 경험이 된다.

게임에 익숙해지면 동작을 추가해서 난이도를 높일 수 있다. 가령 "2"를 외치는 대신 오른손으로 자기 머리를 가볍게 툭툭 치는 동작을 넣는 것만으로도 이전과는 전혀 다른 게임이 만들어진다.

A는 "1!"이라고 외치고, B는 오른손으로 머리를 두 번 치고, A는 다시 "3!"을 외친다. B가 "1!"을 불러서 2라운드를 시작하면 이번에는 A가 손을 들어 머리를 친다. 이마저도 익숙해져서 아무도 실수하지 않고 수월하게 돌아간다면 또 다른 규칙을 추가할 수도 있다.

예를 들어 "3!"을 외치는 대신 왼손으로 귓불을 잡아당기거나 발을 쿵쿵 굴리거나 엉덩이를 흔드는 동작을 넣는 것이다. 이때쯤 되면 아이가 기발한 동작을 생각해내곤 한다. 이제 한 사람이 "1!"을 외치면 다음 사람은 머리를 툭툭 치고 그다음은 귓불을 잡아당기는 방식으로 게임이 변형되었다. 이마저도 쉬워지면 이제는 "1!"을 대체할 동작을 찾을 차례다. 가령 제자리에서 뜀뛰기를 하거나 혀를 날름대는 동작을 추가한다. 이렇게 게임과 게임 개발을 하느라 머리를 굴리다 보면 3분은 훌쩍 지나간다.

휴식 시간 동안에는 타이머나 적당한 길이의 음악을 틀어놓는 것이 좋다. 단 배경 음악의 볼륨은 낮게 조절한다. 게임 도중에 타이머가 울리거나 노래가 끝나도 괜찮다. 아이는 다음 휴식에 더 잘할 것을 기대하며 기꺼이 책상으로 돌아간다.

내가 1, 2, 3 게임을 좋아하는 이유는 간단한 게임으로 다양한 유익함을 누릴 수 있기 때문이다. 첫째, 팀을 이루어 놀이할 수 있고 둘째, 집중적으로 머리를 굴릴 수 있으며 셋째, 다른 사람을 유심히 살피느라 관찰력까지 높일 수 있다.

반대로 놀이

이 또한 내가 제일 좋아하는 게임 중 하나다. 무엇보다 몸을 움직이는 게임이라 좋다. 창문을 활짝 열고 시작하면 금상첨화다. 자, 이제 시작해보자.

내가 "높게"를 외치면 아이는 그 반대말인 "낮게"를 외친다. 내가 "빨리"라고 말하면 아이는 "천천히"라고 말한다. 여기에서 몇 가지는 말 대신 행동으로 바꾸어도 된다. 예컨대 내가 두 팔을 위로 쭉 뻗어 올리면 아이는 두 팔을 바닥으로 축 늘어뜨린다. 내가 오른발로 깨금발을 서면 아이는 왼발로 깨금발을 선다.

이게 너무 쉽게 느껴질 무렵부터는 조금씩 까다롭게 규칙을 바꾼다. 내가 "높게 천천히"라고 외치면 아이는 "낮게 빨리"라고 답한다. 내가 "밝게"라고 말하며 두 팔을 바닥으로 늘어뜨리면 아이는 "어둡게"라고 말하며 두 팔을 하늘 높이 들어 올린다. 아이가 새 규칙을 자유자재로 따라할 수 있게 되면 다시 난도를 조정한다. 어떤 아이들은 게임이 복잡해지는 것을 좋아한다. 예를 들어 "빨리 어둡게 낮게"를 외치며 깨금발로 서기는 정말로 어렵다. 하지만 어려운 걸 따라서 하는 것에 성공할수록 아이는 즐거워한다. 아이의 기쁨이 커질수록 머릿속을 환기하는 효과도 커진다.

게임을 변형하는 방법에는 어른과 아이가 역할을 바꾸는 것도 있다. 아이가 먼저 외치면 어른이 반대로 외치는 것이다. 간혹 아이는 잘하는데 어른이 어리바리하면 게임의 재미는 배가 된다.

물 한 컵과 간식

아이가 집중력 게임이나 몸을 움직이는 놀이를 좋아하든 아니든 간에 휴식 시간에는 반드시 물 한 컵을 마셔야 한다. 물을 충분히 마시는 아이도 있지만 그렇지 않은 아이도 있다. 물 마시는 행위 자체를 잊어버린 탓에 탈수 상태가 되는데, 그러면 뇌가 제대로 돌아가지 않는다. 나는 수분을 충분하게 섭취하지 않아서 집중력을 잃는 아이를 종종 본다. 산만한 아이에게 마지막으로 물을 마신 게 언제냐고 물으면 대수롭지 않게 "오늘 아침 먹을 때요!"라고 답하곤 한다. 아, 집중이 안 될 만도 하지. 그래서 나는 아이가 공부에 집중하지 못할 때면 언제나 제일 먼저 "큰 컵으로 물을 마신 게 언제야?"라고 묻는다.

그다음으로는 "마지막으로 뭘 먹은 게 언제야?"라고 묻는다. 당이 떨어지면 공부가 안 되기 때문이다. 내 가방에는 항상 사과와 견과류가 들어 있다. 그 둘의 조합이면 포만감이 한 시간은 너끈히 간다. 견과류의 단백질과 지방이 사과와 합쳐지면 혈당이 높아진다. 하지만 그 속도가 공장에서 만들어져 나오는 과자를 먹었을 때처럼 가파르게 올라가지도 떨어지지도 않는다. 간혹 공부 전에 집중력에 도움이 되라고 포도당 사탕을 주는 부모가 있는데 나는 권장하지 않는다. 가령 시험공부를 5분만 더하면 되는데 당이 떨어져서 몸이 떨린다면 포도당 사탕의 도움을 받아도 된다. 하지만 이런 상황이 아니고서는 포도당 사탕은 금물이다. 공부할 때는 견과류와 사과가 최적의 간식이다. 물론 사과가 아닌 다른 과일을 먹어도 된다. 핵심은 과일을 단백질 혹은 지방과 함께 섭취하는 것이다.

맨발로 눈 밟기

앞서 말한 대로 집중력을 끌어 올리는 데 신선한 공기는 필수 불가결하다. 비단 숙제를 할 때뿐만 아니라 일반적인 학교생활을 하는 데도 신선한 공기는 중요하다. 보통 아침 등굣길에 아이들은 신선한 공기를 몸 안에 채운다. 학교까지 걸어가지 않더라도, 적어도 버스 정류장에 가는 동안에는 바깥 공기를 쐰다. 정신을 깨우는 데 이보다 더 좋은 방법은 없다. 그래서 나는 도보나 자전거로 등교하는 것을 적극적으로 권한다. 등굣길이 갑자기 사라지면 어떤 일이 일어나는지를 일깨워 준 경험이 바로 코로나 팬데믹으로 인한 봉쇄 조치였다.

2020년에서 2021년으로 넘어가던 겨울, 길었던 봉쇄 기간을 나는 생생히 기억한다. 25개로 분할된 줌 화면 속 아이들은 잠옷을 입은 채 책상 앞에 앉아 멍하니 모니터를 응시하고 있었다. 그래서 나는 아침마다 아이들을 잠옷 바람으로 마당에 내보내 맨발로 눈을 밟게 하라는 글을 인스타그램에 올렸다. 신선한 공기를 마시며 몸을 움직이는 것이 얼마나 중요한지, 얼마나 이로운지, 정신을 깨우는 데 얼마나 효과적인지를 많은 이에게 일깨워 주고자 했다. 그 결과, 아침이면 잠옷을 입은 채 눈밭에서 천사를 만들거나 맨발로 마당을 뛰어다니는 아이들의 사진이나 동영상이 내 메시지함에 쇄도했다. 부모들은 이 아침 의식 덕분에 가정 학습이 한결 수월해졌다며 환호했다.

그러므로 집에서 공부나 숙제를 할 때도 부모는 우리 아이가 언제 마지막으로 바깥에 나갔고 언제 몸을 움직였는지를 계속 염두에 두고 확인해야 한다. 그리고 한참 되었다는 생각이 들면 얼른 휴식 시간을 내서라도 신선한 공기를 마시며 몸을 움직이게 해야 한다. 공부 시작 전에 짧막한 산책을 하거나 밖에서 잠시 놀다 오면 집중이 훨씬 잘 된다.

뉴질랜드의 학교 제도는 몸을 움직이는 것이 공부에 얼마나 중요한지를 오래전부터 이해했다. 그래서 매일 아침 8시에 체육으로 1교시를 시작한다. 아이들은 등교 후 한 시간 동안 몸을 움직인 다음 9시부터 일반 교과 수업에 들어간다고 한다.

아이들은 기본 욕구를
참지 못한다

아이는 허기나 갈증 같은 신체적 기본 욕구가 일어날 때 '일단 공부부터 해보자'라고 다짐하며 자신의 욕구를 억누르지 못한다. 어른에게도 어렵긴 매한가지나 잠깐은 가능한 것과 달리 아이는 그 잠깐조차 욕구를 억누르기 힘들다. 아이들에겐 생리적 욕구가 우선이기 때문이다. 배고픈 아이는 공부할 수 없다. 하더라도 그 질이 형편없다. 아이에게는 '배는 꼬르륵거리지만 꾹 참고 하던 것부터 마치자'라고 생각하는 능력이 아예 없다.

그런데도 어른들은 아이의 특성을 무시하고 이렇게 말한다. "에이, 지금 이거 조금만 더 하면 돼. 일단 다 해놓고 얼른 밥 먹자." 아이에게 통하지 않을 말이다. 생리적 욕구가 느껴지는 순간 집중력 스위치는 내려간다. 배에서 꼬르륵 소리가 나면 머리는 더 이상 돌아가지

아이 공부, 공부 정서부터 키워라

않는다. 우리 어른이 이해해주어야 하는 부분이며 아이들에게도 설명해주어야 한다.

나는 주기적으로 아이들의 기본 욕구를 확인한다. 목마르니? 배고프니? 몸이 근질거리니? 신선한 공기가 필요하니? 실내 온도가 적당한지도 확인해야 한다. 몸이 오들오들 떨릴 만큼 추운 교실에선 공부가 안 된다. 공기청정기를 갖추지 않은 교실이라면 추운 겨울이라도 주기적으로 창문을 열어 환기를 시켜야 한다.

또한 이런 질문에 대답하는 과정에서 아이들은 자기 자신을 살피는 법을 배운다. 자신을 돌아보고 인식하는 법 또한 아이가 배워야 할 중요한 주제다. '나는 지금 괜찮은가? 괜찮지 않다면 어떤 면이 불편하지? 지금 내 몸에서 어떤 느낌이 들지? 혹시 머리가 약간 띵한가? 수분 부족일지도 모르니 지금 당장 물을 한 컵 마셔야겠다. 몸이 약간 떨리나? 그러고 보니 밥 먹은 지 한참 된 것 같아. 피곤한가? 너무 오래 움직이지 않고 한자리에 가만히 앉아 있어서 그럴 거야.'

이를 통해 아이는 어떤 일에 착수하기 전에 자신의 몸 상태부터 챙기는 법을 배우게 된다.

나는 다음 세대가 자기 몸을 잘 돌보고 건강을 관리하는 사람이 되길 바란다. 그런 점에서 점점 많은 아이가 스트레스로 인한 증상을 호소하는 최근의 상황은 안타깝기 그지없다.

2017년 독일의 공영보험회사인 DAK가 발표한 자료에 따르면 학령기 어린이의 절반에 가까운 43퍼센트가 스트레스에 시달리는 것으로 나타났다. 그중 3분의 1은 두통이나 척추 통증 혹은 수면 장애처럼 구체적인 스트레스 증상을 겪고 있다.

따라서 나는 부모뿐만 아니라 학교의 교사들도 학생들의 기본 욕구와 필요도를 체크해 충족시키도록 주의를 기울이고, 아이들이 스스로 자신을 돌볼 수 있도록 도와야 한다고 생각한다.

이는 어른들의 충분한 보호와 지원이 뒷받침될 때 아이들이 잠재력을 최대한으로 발휘할 수 있고, 어릴 때부터 스트레스를 적절하게 관리하는 법도 배울 수 있음을 의미한다.

하지만 이런 기본 욕구 중에서도 신체적 욕구는 상대적으로 관리가 쉽다. 그렇다면 신체적 욕구 외에 다른 욕구에는 어떤 것들이 있을까?

마음에 걸리는 게 있으면
공부가 안 된다

정서적 안정은 신체적 욕구만큼 중요한 기본 욕구다. 집중해서 공부하려면 정서가 안정적인 상태여야 한다. 지금은 할 일이 있으니까 감정은 나중에 처리하자고 마음먹을 수 있는 아이는 없다. 어른조차 하기 힘든 결심이다.

아이의 마음에서 분노, 슬픔 혹은 불안과 같은 감정은 공부보다 훨씬 크고 중요한 자리를 차지한다. 일단 머리에 부정적인 감정이 소용돌이치면 지식이 들어설 여지는 없다. 숙제에 집중하는 데 필요한 이성적 능력이 발휘되지 않는다. 어른인 여러분에게도 비슷한 경험이 있을 것이다. 최근 누군가와 다투었던 경험을 떠올려보자. 다툰 직후에 책상 앞에 앉으면 집중이 되던가? 효율적인 업무 처리가 가능하던가?

나는 과외 시간 60분 중 부모 혹은 절친을 향한 분노를 토로하는 데 50분을 쓰고 나머지 10분만에 수학 숙제를 해치우는 아이들을 수도 없이 많이 봤다. 하지만 아이가 열을 삭히는 데 쓴 50분은 헛되지 않았다. 아이는 기분이 나쁜 채로 억지로 앉아 한 시간 동안 배울 것보다 훨씬 많은 것을 기분이 나아진 10분 안에 배웠다. 그리고 그다음 수업에서는 확실히 더 좋은 태도와 컨디션으로 책상 앞에 앉았다.

　예를 들어 아이가 웬일인지 의기소침해 보인다면, 혹은 평소보다 말수가 적다면 무슨 일이 있었는지를 먼저 물어보고 책상에서 일어나 소파로 자리를 옮기길 권한다. 소파에서 잠시 아이를 부둥켜안고 말을 들어주자. 울분에 찬 아이가 눈물을 흘려도 괜찮다. 일단 입 밖으로 내뱉은 순간, 불편한 감정은 마음은 물론이고 공부 시간에서도 설 자리를 잃는다. 그 다음부터는 훨씬 쉽다. 근본적인 상황은 변하지 않았어도 아이의 감정은 누그러지고 집중력은 다시 돌아온다.

　아이의 신체적, 정신적 상태를 확인했고, 그에 적절한 조치를 취하였으며, 다시 시작송을 틀었고, 몸을 움직일 휴식 시간과 이를 알릴 휴식송까지 준비되었다. 아이들이 집중해서 공부할 수 있는 기본 요소는 모두 갖춰진 셈이다. 이제는 드디어 본격적으로 숙제를 할 차례다.

숙제가
너무 어려울 때

숙제할 때 마주하는 가장 큰 난관은 주어진 과제가 아이의 현재 능력과 학습 수준에 부합하는지 판단하는 것이다. 숙제가 너무 어려워서 이해가 어려운 경우라면 아이는 금세 집중력을 잃는다. 그렇다면 아이의 수준에 적절한 숙제인지는 어떻게 파악할 수 있을까?

어쩔 수 없이 어느 정도는 해봐야 안다. 분량이 많은 숙제를 할 때 나는 첫 두 문제 정도는 함께 해결한다. 그 과정에서 아이에게 어떻게 해야 할지를 묻는다. 답이 금방 나오지 않겠다는 느낌이 들면 천천히 다시 한번 문제를 설명해주고 묻는다. "지금 무엇을 이해했니?" "어디까지 이해했니?"

둘 다 간단한 질문이다. 하지만 부모님들은 좀 다르게 묻곤 한다. "이제 이해가 됐니?" 이렇게 질문하면 제대로 이해하지 않았더라도 그냥 "네"하고 대답하는 아이가 많으므로 상황을 파악하는 데 아무런 도움이 되지 않는다. 혹은 반대로 다 이해하고서도 아무 이유 없이 "아니요"라고 답하는 아이도 있다. 그래서 나는 질문의 방식을 바꾸어 "무엇을 이해했니?"라고 물어볼 것을 권한다.

또 한 가지 유용한 방법은 역할을 바꾸어 아이에게 설명을 맡기는 것이다. "좋아, 나한테 한번 설명해줘! 여기에서는 어떻게 해야 해?" 아이의 설명을 듣다 보면 아이가 문제를 이해했는지 그리고 어떤 부분이 아직 미흡한지 정확하게 파악할 수 있다. 이 방법을 쓸 때는 작은 동물 인형이 유용하다.

가끔 나는 공부하는 아이 앞에 고무로 된 작은 동물 인형을 늘어놓고 이렇게 말한다. "원숭이가 집중을 안 해서 (혹은 젖소가 하품을 하다가) 설명을 못 들었대!" 무엇보다 저학년 아이를 공부에 끌어들이는 데 이 방법은 효과적이다.

가끔은 젖소 인형을 손에 들고 설명을 들으며 고개를 끄덕이거나 하품하는 시늉을 해보자. 원숭이 인형을 이리저리 돌려보거나 앞뒤로 움직여보자. 그러면 아이는 귀를 기울이지 않는 누군가에게 무언가를 설명하는 게 어떤 기분인지를 실감한다.

아이가 자신이 무엇을 해야 하는지 진짜로 이해할 때까지 인형과 대화를 이어가면 된다. 혹시라도 아이가 갈피를 못 잡는 것처럼 느껴지면 대화를 끊고 함께 문제를 풀거나 아이가 혼자 풀어볼 만한 난이도로 문제를 변형해 내주는 것도 방법이다. 이를 '스캐폴딩scaffolding' 학습법이라고 부른다. 스캐폴딩은 건축에서 큰 건물을 지을 때 세우는 비계

아이 공부, 공부 정서부터 키워라

飛階(높은 곳에서 공사를 할 수 있도록 임시로 설치한 통로 혹은 발판이다.-옮긴이)를 뜻한다. 어려운 문제를 풀 때 곁에서 지지대를 세워주면 아이가 의지해서 올라가는 데 도움이 된다.

예를 들어 아이가 어려운 영어 지문을 해석하는 숙제를 받아오면 나는 먼저 모를 것 같은 단어 15개의 뜻을 찾아서 지문 옆에 적어준다. 때로는 이런 간단한 보조 장치만 있어도 아이 혼자서 숙제를 해결할 수 있다.

숙제가
너무 쉬울 때

미리 말하자면 어떤 숙제가 '너무 쉬운' 경우는 생각보다 드물다. 숙제가 하고 싶지 않은 경우라면 아이는 오히려 "시시해"라고 말한다. 혹은 현실적으로 과제가 쉽다 어렵다 판단할 수 있을 만큼 충분히 배우지 않아서 쉽다고 말했을 수도 있다.

하지만 정말로 자기 능력에 비해 학교에서 받아온 숙제가 너무 쉬울 때도 있다. 특히 숙제가 쉽기는 하지만 품이 많이 들어갈 때 아이는 "나 이거 다 알아!"라며 저항하곤 한다. 별 쓸모없어 보이는 일에 시간과 노력을 쓰고 싶지 않은 건 인지상정이다. 하지만 단순노동 같은 숙제도 가끔은 있다. 그때는 전략적으로 아이에게 오디오북을 들으면서 숙제할 수 있도록 허락해도 된다. 그저 지루하게만 여기는 숙제를 지적 능력이 요구되는 매력적인 과제로 바꾸어주는 것이다.

"자, 잘 봐. 이 부분은 한눈팔지 말고 집중해서 풀어야 해. 하지만 여기 이 부분은 단순하니까 머리를 많이 쓰지 않아도 될 거야. 그러니까 오디오북을 들으면서 해봐."

물론 다 아는 내용일지라도 쓰면서 연습하는 게 중요하다고 주장하는 어른들도 있다. 개중에 시키는 대로 잘하는 아이들은 그 주장을 받아들이기도 한다. '음, 숙제니까 그냥 하지 뭐!'라고 생각하는 것이다. 하지만 숙제니까 그냥 해야 한다는 사실을 받아들이지 않는 아이도 많다. 그럴 때는 숙제를 어떤 식으로든 더 어렵거나 매력적으로 만드는 것이 도움이 된다. 다음은 구체적인 예들이다.

쉬운 숙제를 매력적으로 만드는 법

여러분의 자녀가 수학 활동지 한 쪽을 숙제로 받아왔는데 이미 아이는 자신이 문제에 관해 너무 잘 알아서 더는 풀 필요가 없다고 생각한다고 가정해보자. 딱 봐도 아이는 흥미를 잃었고 집중도 하지 않는다. 어떻게 해야 할까?

이럴 때 나는 가위를 들고 활동지를 조각조각으로 자른다. 가령 A4 용지 한 장이라면 열 조각으로 나눈다. 그리고 커다란 그릇에 알이 작은 콩이나 모래를 가득 담은 다음, 자른 종이 조각들을 안에 숨긴다. 아이는 그릇에서 조각을 하나씩 찾아서 문제를 푼다. 가위질을 문제가 잘 보이도록 하지 않았으므로 아이가 꺼낸 조각에는 문제의 일부분만 보인다. 이 지점에서 아이의 흥미가 되살아난다. 바로 숙제를 조각조각 자른 목적이 여기에 있다.

우리는 꺼낸 조각들을 큰 종이 위에 붙여서 활동지를 복원한다.

이 방법의 장점은 두 가지다. 첫째, 너무 커서 더욱 지루하게 느껴졌던 활동지의 크기가 줄어들면서 여기에 투사되었던 낭패감의 크기가 줄어든다. 둘째, '아이고, 또 지루한 활동지!'에 맞춰져 있던 아이의 마음을 '어, 활동지가 조각나 버렸네. 선생님이 뭐라고 하실까?' 혹은 '퍼즐 맞추기는 재미있어!'로 돌릴 수 있다. 심지어 여기에 재미 요소를 추가할 수도 있다.

금색 테두리로 재미를 더하기

일본에서는 오래된 도자기가 깨지면 금가루가 들어간 접착제를 사용해 조각을 붙인다. 깨진 부분을 숨기기보다는 오히려 부각하는 것이다. '킨츠키金継ぎ'라 불리는 이 기술에서 영감을 받아 나도 조각난 활동지를 붙이는 데 응용해보았다. 우리에게는 금가루 대신 반짝이풀이 있다. 조각마다 반짝이는 테두리가 생기면 지루했던 수학 활동지는 예술 작품이 된다.

수학 활동지를 흥미롭게 만드는 더 간단한 방법은 종이를 세로로 접어서 문제의 한쪽 부분만 드러나게 만드는 것이다.

여러분의 아이는 숙제에 완전히 흥미를 잃어서 이 정도로는 통하지 않는다고? 그렇다면 또 다른 방법이 있다.

별난 장소에서 숙제하기

앞서 소개한 '책상에서만 숙제하란 법 있나요?' 부분을 통해 여러분은 아이들이 별의별 장소에서 숙제할 수 있다는 것을 확인했다. 활동지를 식탁 위가 아닌 곳에 놓는 것만으로도 지루했던 숙제가 세상에서 가장 재미있는 것으로 돌변한다. 내가 가장 최근에 받은 사진 속에서 귀여운 아이는 싱크대 조리대에 선 채로 오븐에서 빵이 부풀어 오르는 것을 쳐다보며 숙제를 하고 있었다.

나와 함께해온 많은 부모님은 이미 창문에 숙제를 붙여놓고 아이가 밖을 내다보면서 숙제하도록 허락하고 있다. '창밖을 보며 숙제하기'는 어느새 내 학습법의 트레이드마크가 되었다. 이 책을 쓸 때 나는 이 학습법에 '구름에 단어 쓰기'라는 이름이 잘 어울릴 것 같다고 떠올려보기도 했다.

부모는 대부분 자녀가 숙제하는 방식에 이상적인 이미지를 갖고 있다. 그래서 '별난 장소로의 모험'을 완강히 거부할 때가 많고 다툼이 일어나곤 한다. 해결책은 간단하다. 부모가 변화를 받아들이면 된다. "응, 좋아. 그럼 바닥에 내려가서 해!"

이런 식으로는 결코 책상에 앉아 차근차근 공부하는 방법을 배우지 못하리라는 부모의 걱정은 기우에 불과하다. 이미 아이는 학교에서 많은 시간을 책상에 앉아 보낸다. 가만히 앉아 있는 능력을 기르는 데는 그 정도로도 충분하다.

사람이 공부할 수 있는 장소는 다양하다. 때로는 억지로 책상에 앉아 있는 것보다 별난 장소에서 공부하는 게 훨씬 효율적일 때도 있다. 여러분이 소파에 앉아 노트북으로 일할 때가 얼마나 많은지 돌이켜 보면 책상에서 내려오려는 아이를 이해하기 쉬울 것이다. 어른들도 베란다나 마당, 식탁, 때로는 카페로 일거리를 들고 나간다. 가끔은 장소를 바꿔주어야 일에 능률이 오르는 것을 경험으로 알고 있기 때문이다. 여러분에게도 바닥에 엎드려 숙제하는 걸 즐기던 중학생 시절이 있었을 것이다. 그러니 여러분도 아이에게 자유를 허락하길 바란다.

숙제를 하면서
텔레비전을 보고 있다면

반면에 내가 절대 허용하지 않는 것도 있다. 숙제하는 동안 텔레비전을 틀어놓거나 스마트폰을 들여다보는 것이다. 동영상은 시각적으로 주의력을 분산시키기 때문에 과제를 집중적으로 처리하는 데 방해가 된다. 그런데도 많은 사람이 인터넷으로 동영상을 틀어놓고 보면서 '동시에' 일한다. 그런 자기 모습이 궁금하다면 영상으로 촬영해서 확인해보길 권한다. 짐작보다 꽤 여러 번, 심지어는 몇 분 동안이나 화면을 들여다본다는 사실을 깨닫게 될 것이다. 그렇게 흐름이 끊기면 다시 집중하는 데는 시간이 필요하다. 가뜩이나 하기 싫은 숙제를 그런 식으로 질질 끌고 가는 것은 최악의 전략이다.

우리는 그 반대 지점을 지향한다. 아이는 '이 숙제를 빨리 그리고 제대로 끝낼 수 있다'라고 생각해야 한다. 그래서 나는 숙제가 '너무 쉽거나' '단순하거나' '시시하게' 보이면 오히려 빨리 끝내도록 유도한다. "빨리 끝내버리자! 그게 우리의 목표야. 빨리 해치우는 데 도움이 된다면 바닥에 엎드려서 해도 돼. 싱크대에 서서 하고 싶니? 그것도 괜찮아."

이럴 때를 위해서 클립보드를 장만해두자. 보통 어른들이 숙제를 하기에 적당하지 않다고 생각하는 장소는 바닥이 평평하지 않다. 하지만 그런 장소라도 플라스틱 클립보드만 있으면 숙제를 할 수 있다. 어떤 아이들은 클립보드를 숙제 밑에 끼워서는 마당으로 나가거나 나무 위로도 올라간다. 다락방이나 지하실로 갈 수도 있다. 클립보드와 함께라면 어디에서라도 숙제를 집중적으로, 제대로 그리고 즐겁게 할 수 있다.

아이가 낯선 장소에서 낯선 자세로도 공부해볼 수 있도록 공간에 대한 선택지를 넓게 열어두자. 최근 들어 독일에서도 현대적 분위기의 학교에서는 아이들이 공부 장소를 선택할 수 있도록 허용하는 추세다. 일반 학교에서도 점점 더 많은 진보적인 교사가 아이가 과제의 내용을 명확하게 이해한 다음에 숙제할 장소와 위치를 스스로 선택할 수 있도록 허용하고 있다.

그러면 어떤 아이는 밖으로 나가서 벤치에 앉아 숙제를 시작하고, 다른 어떤 아이는 클립보드에 활동지를 끼운 다음 바닥에 엎드려서 문제를 푼다. 혼자서 조용히 집중하는 아이가 있는가 하면, 무리를 지어 친구와 함께 숙제하는 편을 선호하는 아이도 있다. 이렇게 자유를 허락받은 아이들은 숙제하는 장소를 선택하는 과정에서 자신과 자신이 필요로 하는 것이 무엇인지를 올바르게 판단하고 파악하는 법을 배우게 된다. 이 또한 인생에서 매우 중요한 배움이다. 물론 하루이틀 새 완벽해질 수는 없다. 하지만 자신에게 주어진 자유를 현명하게 그리고 목적에 맞게 활용하는 것은 아이가 배워야 할 중요한 기술이다. 그러므로 아이들에게 숙제할 장소를 선택하는 자유를 허용하는 일에는 가치가 충분하다. 단 그 어떤 아이도 처음부터 그 자유를 능숙하게 다룰 수 없다는 사실을 명심해야 한다. 이는 차를 한 번도 몰아보지 않은 초보 운전자에게 "여기 열쇠가 있고, 저기 차가 있어. 이제 달려!"라고 요구하는 것과 같다. 그렇다고 무턱대고 누군가에게 "너는 절대 운전할 수 없어!"라고 말하며 제한하는 것 또한 터무니없다. 연습장에서 충분히 연습하고 연수 시간을 채우면 누구나 도로로 차를 몰고 나갈 수 있다.

아이가 주어진 자유를 합리적으로 활용하는 법을 배우려면 이 '연수 시간'이 필요하다. 그리고 나는 '운전 교사'로서 당연히 이 일이 단번에 이루어지지 않는다는 점을 잘 알고 있다. 가끔 운전 교사가 운전자를 가르치는 동안 핸들을 잡거나 조수석 아래 설치된 보조 브레이크를 밟는 것처럼 나 역시 필요에 따라 아이의 공부에 개입해야 할 때가 있다. 여기에는 숙제하는 동안 텔레비전을 보거나 스마트폰 사용을 금지하는 것도 포함된다.

시간 관리자에게 배우는
자유 학습법

아이가 자유와 선택을 배우는 과정에서도 도움은 필요하다. 아이의 능력치에 맞추어 자유의 정도를 정하는 일은 어른의 몫이다. 그러기 위해서는 내 아이가 스스로 활용할 수 있는 자유의 범위를 부모가 파악해야 한다.

그 노력은 꾸준함을 요구한다. 처음 한 번, 이후로 세 번, 다섯 번 혹은 열 번 안에 잘 안 됐다고 해서 "우리한테는 안 통하네. 그냥 없던 일로 하는 편이 낫겠어"라고 말하며 자유를 포기해서는 안 된다. 그보다는 "음, 오늘은 잘 안 되네. 왜 안 됐는지 한번 이야기해볼까? 무슨 일이 있었어? 왜 갑자기 어디론가 사라진 거야? 숙제는 왜 안 한 거야? 다음에는 어떻게 하면 더 잘할 수 있을까? 혹시 엄마(혹은 아빠)가 시간을 관리하면 어떨까?" 하고 계속 물어보아야 한다.

시간 관리자는 자유를 합리적으로 사용하는 연습에 탁월하다. 아이가 공부할 장소와 방법을 자유롭게 선택하면 부모는 시간을 관리하는 역할을 맡는다. "수학 활동지를 들고 밖으로 나가도 상관없어. 단 15~20분 안에 다 풀고 주방으로 가지고 오렴. 내가 시간을 확인할게."

이렇게 시간의 틀을 정해두면 아이는 허락받은 자유를 합리적이고 효율적으로 사용할 수 있다. 시간의 단위는 10~20분이 적당하다.

연습 중에는 반드시 중간에 한 번 아이에게 다가가서 "이제 10분 남았어"라고 남은 시간을 말해주는 것이 도움이 된다. 혹은 아이에게 20분이 맞춰진 타이머를 건네면서 이렇게 말할 수도 있다. "네가 숙제하기 편한 곳이 어디든 항상 타이머를 챙겨 다니고 시간도 계속 확인하렴. 엄마(혹은 아빠)도 시계를 보고 있을 거야. 그럼 우리 둘 다 시간을 지킬 수 있겠지?"

또 다른 방법은 아이에게 이렇게 말하는 것이다. "네가 하고 싶은 것이 무엇이든 계속하렴. 엄마(혹은 아빠)는 너랑 같은 공간에 있으면서 청소를 좀 할게. 서로 하고 싶은 걸 하자. 하지만 엄마는 항상 네 주위에 있을 거야."

코치 역할로서의 부모와 교사

앞서 말했듯이 자유를 허용할 때는 아이의 능력치에 맞춰 범위를 정하는 것이 중요하다. 그렇지 않으면 숙제를 챙겨서 방에 들어간 아이가 좋아하는 책을 먼저 펼치거나 게임을 시작했다가 주어진 시간을 고스란히 날려버리는 상황이 벌어진다. 30분이 지나 그 꼴을 본 부모

입에서는 잔소리가 터져 나온다. "숙제는 하나도 안 하고 지금 뭐 하는 거야!"

그렇게 싸움이 시작된다. 격렬한 싸움은 피하더라도 가라앉은 분위기는 피할 수 없다. 부모와 아이가 모두 기분이 상한 상태에서 공부가 잘될 리 없다. 그러면 부모의 머릿속엔 부정적인 생각이 맴돌기 시작한다. '아무래도 내 아이는 자유를 제대로 누릴 줄 모르는 것 같아.' 아이의 머릿속에도 불쾌감이 들어찬다. '아, 이제는 지겨운 숙제를 시작해야 하네. 더 하기 싫어졌어.' 이때 상황을 돌파하는 역할은 부모가 맡아야 한다.

독일에서는 부모의 리더십이 과소평가 받는다. 학습에서 부모가 지도력을 발휘하는 것이 아이에게 얼마나 유익하게 작용하는지, 그리고 얼마나 많은 아이에게 부모의 역할이 필요하고 중요한지 이해도가 전반적으로 낮은 편이다.

최근 들어 현대적 지도법을 도입하여 학생의 학습을 개별화 및 자율화하는 학교가 늘어나는 추세다. 예컨대 "수학에서는 이런 주제를, 독일어에서는 이런 주제를, 영어에서는 이런 주제를 다룬다"라고 정해놓으면 등교한 아이가 일과를 시작하기 전에 어떤 수업을 들을지 선택하는 방식이다.

학교가 학생이 스스로 학습 방식을 결정하는 제도를 도입하겠다고 제안하면 학부모 중에 열에 아홉은 회의적인 반응을 보인다. "그럼 우리 아이는 자기가 좋아하는 과목만 들을 거예요. 싫어하는 과목은 아예 공부를 안 할 게 뻔해요."

아이 공부, 공부 정서부터 키워라

하지만 이때 학부모가 간과하는 사실이 있다. 학교에는 아이를 주시하며 지도하는 교사들이 있어서 적절한 코칭을 제공할 수 있다. 교사가 학습 코치가 되는 길은 간단하다. 이틀에 한 번씩 학생을 불러서 "지금 어느 과목을 어디까지 공부했니? 싫어하는 과목이지만 정해진 목표를 달성하려면 어디에 집중해야 할까?"라고 물어보면서 상태를 점검하면 된다. 교사와 학생 간의 관계가 긍정적으로 형성되어 있다면 학생은 부담 없이 자신의 상태를 말할 것 있다. 그리고 대화를 통해 확실한 목표를 정하고 구체적인 행동 계획을 수립할 수 있다. 교사는 학생이 싫어하는 과목과 주제에도 적절한 관심을 기울이도록 유도한다.

교사뿐만 아니라 부모도 자녀를 코칭할 수 있다. 물론 그 바탕에는 "내 아이에겐 좋아하지 않는 과목도 끝까지 배우고 익힐 수 있는 능력이 기본적으로 갖춰져 있어. 그러니 나는 코치가 되어 아이가 그렇게 되도록 도울 거야"라는 긍정적 믿음이 깔려 있어야 한다.

이때 부모는 자신이 유소년 축구팀 코치라고 상상하면 된다. "오늘은 먼저 순환 운동부터 할 거야. 슛 연습은 그다음에." 축구 코치는 선수들이 축구를 잘하는 데 필요한 지식과 관점을 제시한다.

하지만 막상 경기가 시작되면 코치는 뒤로 물러나 경기장 가장자리에서 지켜보기만 한다. 휴식 시간에는 피드백을 하고 전략을 조정한다. 나 또한 코치가 된 기분으로 아이들의 학습에 동행하려고 노력한다. 항상 일정한 부분에서 자유를 허락하고, 이를 제외한 다른 부분에서는 아이들이 내 말을 합리적으로 받아들이도록 한다. "이 문제는 지금 제대로 연습해야 해. 이건 그냥 넘어갈 수 없어. 내일이 아니라 지금 여기에서 해야 해." 이렇게 단호하게 이야기하면 아이들은 순순히 받아들인다. 영어의 불규칙 동사를 배울 때도 나는 이런 식으로 아이들을 다룬다. 불규칙 동사는 한밤중에 자다 깨서도 줄줄 읊을 정도로 외워야 한다는 것이 내 지론이다. 독일어에서 대명사인 'das'와 접속사인 'dass'를 구분하는 법이나, 수학에서 구구단이나 근의 공식도 반드시 외워야 할 것들에 해당한다. 이처럼 공부에는 머릿속에 반드시 '자리 잡혀야' 하는 것이 있다. 툭 치면 줄줄 나올 정도로 완벽하게 외워야 해당 과목을 더 재미있게 공부할 수 있기 때문이다.

아이 공부, 공부 정서부터 키워라

시작한 지 한 시간이 지났다면
이제 그만!

내가 이렇게 말하면 깜짝 놀라는 부모님들이 많다. 하지만 이건 내가 다년간 몸소 경험한 바에 따른 결론이니 명심하길 바란다. 나는 숙제를 질질 끄는 문제를 해결하려면 이 방법밖에 없다고 확신한다.

만약 아이가 한 시간 동안 숙제를 끝내지 못하면 일단 거기서 멈추고 숙제 공책에 메모를 남기거나 교사에게 직접 연락해서 아이가 한 시간 동안 집중해서 노력했으나 이 정도밖에 하지 못했다고 알리자. 물론 사전에 교사와 전화 통화나 대면 상담을 통해 상황을 설명할 수 있다면 더 좋다. "집에서 숙제할 때 문제가 있어요. 숙제하는 데만 세 시간이 걸려서 오후를 몽땅 숙제하는 데 바치는데, 그러다 보면 아이는 물론이고 온 가족이 진이 빠집니다. 그래서 지금 학습법 하나를 시도해보는 중이에요. 숙제 시간을 한 시간으로 제한하는 것도 여기에 포함됩니다. 몇 주 동안 연습해서 곧 한 시간 안에 모든 숙제를 해내도록 최선을 다하겠습니다."

부모가 이렇게까지 이야기하는데 교사가 안 된다고 하는 경우는 보지 못했다. 오히려 '어떻게 하면 숙제를 효율적으로 빨리 완수할 수 있을까?'라는 문제를 해결하기 위해 가정에서 이렇게까지 적극적으로 노력한다는 것을 알게 된 교사가 기뻐할 것이다.

이런 방식은 아이에게도 의미 있는 경험을 제공한다. '내가 집중해서 빨리 숙제를 끝마치면 오후에는 다른 걸 할 수 있어. 친구를 만나도 되고, 스마트폰을 좀 들여다봐도 되고, 무엇이든 하고 싶은 걸 하면 돼.'

하지만 종종 이 경험이 자리 잡히기를 기다리지 못한 부모가 먼저 조바심을 내곤 한다. 그래서 아이를 따라다니면서 "이제는 제발 앉아서 시작해 봐! 후딱 끝내면 나가서 놀 수 있잖아" 같은 잔소리를 하게 된다.

하지만 '직접' 해봐야 알게 되는 종류의 이 경험은 부모가 말로 설명해서 해결될 문제가 아니다.

움직이는 걸 싫어하는 사람에게 규칙적인 운동이 얼마나 건강에 유익하고 기분을 상쾌하게 하는지 백날 설명해봤자 소용없는 것과 마찬가지다. 말만으로는 동기 부여가 되지 않는다. 일정한 시간에 걸쳐 긍정적인 효과를 직접 경험해본 사람만이 규칙적인 운동이 유익하다는 것을 확신하게 된다. 그리고 그런 경험이 매일 운동하게 하는, 우리의 경우에는 집중해서 숙제를 하게 하는 동기이자 힘의 원천이 된다. 비록 오늘은 하고 싶지 않거나 피곤해도 혹은 앞에 놓인 숙제를 왜 해야 하는지 이해가 안 되더라도 일단은 묵묵히 끝내고 보는 것이다.

어떤 날은 아이가 한 시간 안에 끝낼 수 없을 만큼 많은 숙제를 받아오기도 할 것이다. 그래도 이 규칙은 여전히 중요한 기준으로 지켜져야 한다. 그렇게 숙제가 많은 날이 매일은 아닐 것이다. 가끔 숙제가 많은 날을 대비해 내가 추천하는 방법은 일주일에 여섯 번, 매일 한 시간씩 숙제를 하되 빨리 끝나는 날에는 전에 다하지 못한 숙제를 마저 하는 것이다(대신 초등학교 1~2학년은 30분 혹은 최대 45분으로 정한다).

예를 들면, 화요일에 아이가 한 시간 안에 도저히 다 못 할 만큼의 양을 숙제로 받아왔다고 치자. 하지만 일단 그날은 숙제를 한 시간만 하고 접는다. 그리고 다 못 한 숙제는 목요일까지 완료하기로 정하고 남은 것을 수요일로 미룬다.

혹시 숙제 외에 단어 외우기와 생물학 시험공부가 남아 있다면, 그 두 가지는 10분 분량으로 쪼개어 숙제 시간 안에 끼워 넣는다. 혹시 그걸로 시간이 모자라면 토요일 한 시간을 할애해도 되지만 내 경험상 평일에 매일 10분씩 하는 것만으로도 충분했다.

"우리는 하루 한 시간으로는 턱없어요. 우리 애는 할 게 정말 정말 많다고요!" 물론 이렇게 반박하는 부모님도 많다. 하지만 우리의 지난 한 주를 돌이켜 보자. 금요일 오후에는 날씨가 좋아서 나가 노느라 아무것도 하지 않았다. 목요일에도 아이의 생일파티를 하느라 공부할 시간이 없었다. 하지만 화요일에는 할 게 너무 많아서 아이가 정말 오랫동안 책상 앞에 앉아 있었다. 그리고 숙제 시간을 떠올렸을 때 우리가 기억하는 것은 주로 화요일이다.

만약 아이가 매일 고도로 집중해서 숙제를 하는데도 몇 주에 걸쳐 한 시간 안에 숙제가 끝나는 날이 없다면 여러분에게는 전혀 다른 방향의 결정이 필요할지도 모른다. 내 아이가 다니는 학교와 그곳의 교육 과정이 과연 아이에게 적합한가를 되짚어 봐야 한다.

학교와 교육 과정상 별문제가 없다고 느껴진다면 내가 해줄 수 있는 조언은 한 가지다. "좋아. 일단 매일 30분씩 더 해보자!" 여기에서 잊지 말아야 할 것은 오랫동안 학교에서 수업을 듣고 온 아이에게 30분은 결코 짧지 않은 시간이므로 아이가 협조적으로 나오지 않을 수도 있다는 점이다. 더군다나 부모 앞이라 더 그럴 수도 있으니 아이가 당장 빠릿빠릿하게 움직이지 않는다고 너무 닦달하지 말자.

아이 공부, 공부 정서부터 키워라

결론:
효율적으로 그리고 신속하게

요약하자면 내 최종 목표는 아이들에게 숙제를 빠르고 효율적으로 처리하는 법을 가르치는 것이다. '처리'라는 단어에는 다분히 내 의도가 담겨 있다.

눈치챘는지 모르겠지만 나는 숙제와 공부는 관련이 없다고 생각한다. 하지만 아이가 학교생활을 잘하는 것은 중요하다고 생각한다. 학교는 예나 지금이나 별반 달라지지 않았다. 아이들이 현실에서 경험하는 학교는 내가 그리는 학교와 학습의 이상과는 거리가 멀 때가 많다. 아이들은 매일 다섯 가지 서로 다른 숙제를 해야 하고, 그 숙제는 학습 경험으로서 가치가 있을 때도 있지만 그렇지 않을 때도 있다. 그러나 분명한 사실은 별로 중요하지 않아 보이는 숙제조차 빠르게 해내는 법을 배운다면 우리 아이들이 학교생활을 훨씬 즐겁고 재미있게 보낼 수 있다는 것이다.

이 점에 있어서 내가 앞서 설명한 방법들이 도움이 될 것이다. 그 내용을 한 번 더 요약해보겠다.

- 언제 숙제하면 좋을지 **숙제 시간**을 함께 정한다.
- 즐겁게 숙제를 **시작**하도록 도와줄 작은 **의식**을 정한다. 신나는 노래를 불러도 좋고 간단한 집중력 게임도 좋다. 분위기를 띄우고 두뇌를 회전하는 데 도움을 준다.
- **기본 욕구**를 물어본다. 배가 고프지는 않은지, 목이 마르지는 않은지, 움직이고 싶어서 몸이 근질거리지는 않은지, 마음에 걸리는 일은 없는지 말이다.
- **학습 계획**을 세운다. 해야 할 숙제 혹은 공부를 다섯 부분으로 나누어 한눈에 볼 수 있게 정리한다.
- 아이가 집중할 수 있는 최대 시간만큼 **타이머**를 맞춘다. 아이에 따라 적절한 시간은 3분일 수도 있고 15분일 수도 있다. 각자의 상황에 맞춰서 시간을 정한다.
- **공부 장소**와 **공부 자세**는 아이의 선택에 맡긴다. 자, 이제 마법의 집중 시간이 시작된다. 정해진 시간 동안 주어진 과제 외에 그 무엇에도 한눈을 팔지 않는다.
- 타이머가 울리면 짧게 **집중력 향상을 위한 휴식**을 취한다. 이를 위해서는 움직임과 웃음, 신선한 공기가 필수다.
- 그리고 다시 타이머를 맞춘다. 이렇게 집중하고 휴식하기를 번갈아 반복하다 보면 **한 시간을 조금 넘길 수도** 있는데 너무 칼같이 시간을 맞출 필요는 없다. 5분을 넘겼다고 큰일이 나는 것은 아니다.

앞서 내가 조언한 바를 가슴에 잘 새겼다면 여러분은 이제 아이를 바라보며 이렇게 말할 수 있을 것이다. "잘했어. 네가 지금 숙제한 방법이 바로 우리가 원했던 거야. 우리에게 필요한 것이기도 했고. 멋지다! 그래, 숙제를 다 못 했을 수도 있어. 이 방식으로 숙제를 하는 게 아직 익숙하지 않아서 그런 거야. 우리가 자주 이 연습을 할수록 점점 익숙해질 것이고 나중엔 정해진 시간 안에 숙제를 끝마칠 수 있겠지? 하지만 오늘도 나쁘지 않은걸? 우리는 오늘 최선을 다했어!"

혹시 아이가 계획한 것을 미처 다하지 못했다면 좀 더 확인해야 할 부분이 있다. "오늘 우리는 계획했던 분량을 다하지 못했어. 그건 목표를 달성하지 못했다는 뜻이지. 우리가 오늘 무엇을 했는지 그리고 무엇을 못 했는지 한번 살펴보자. 이유가 무엇일까? 어디에서 시간이 부족했니? 원래보다 천천히 하느라 그랬을까 아니면 더 정확하게 하느라 그랬을까? 내일 더 나아지려면 무엇을 고쳐야 할까?" 또한 자세하게 목표 하나하나를 들여다보는 것도 필요하다. "오늘 영어 숙제는 거의 못 했구나. 그러면 내일은 영어부터 시작해야겠다. 그러면 다른 과목 숙제를 다하지 못할 수도 있어." 한 시간 안에 해내지 못했다고 해서 큰일이 나는 것은 아니니 부디 아이 앞에서 여유를 잃지 말자. 서툰 것도 한 때라서 시간이 지나면 나아진다.

언제나 그렇듯 중요한 것은 아이의 긍정적인 학습 경험, 즉 공부 정서다. 골똘히 집중하는 동시에 즐겁게 공부하는 경험을 했다면 그걸로 성공이다. 이게 바로 우리가 달성하기를 간절히 바라던 가장 중요하면서도 궁극적인 목표 아니겠는가. 아직 이런 경험이 없는 부모라면 먼저 실천해보길 강력하게 권한다. 아이에게 경험을 권할 때는 부모에게 동일한 경험이 있을 때 훨씬 강력한 힘을 발휘하기 때문이다.

제9장

숙제에 관해

자주 묻는

질문들

초등학교에 입학하면
자기 책상이 필요한가요

나는 숙제에 관해 참 많은 질문을 받는다. 그중에는 이미 앞선 이야기를 통해 해결된 사안도 있지만, 이번 장에서 부모님들이 내게 많이 하는 질문을 중심으로 숙제와 관련한 구체적인 이야기를 풀어보고자한다.

특히 내가 자주 받는 질문 중 하나는 바로 자녀의 책상 문제다. 많은 부모가 자녀가 초등학교에 입학하면 그 즉시 아이 방에 책상이 필요하리라고 생각한다. 그런 질문을 받을 때면 나는 항상 이렇게 대답한다. "집에 공간이 남고 필요성이 느껴지면 책상을 들이셔도 됩니다. 하지만 아이가 숙제하는 데는 책상이 전혀 필요하지 않습니다."

혹시 아이가 만들기를 좋아하는데 동생이 있어서 레고나 비즈 혹은 종이로 만든 작품을 안전하게 세워둘 장소가 필요한 경우라면 아이 방에 책상을 두는 것이 합리적이라고 생각한다. 하지만 숙제나 공부를 할 때는 거실이나 주방의 식탁을 추천한다. 그 이유를 차근차근 설명해보겠다.

식탁이 더 나은 이유

일단 어린이용 책상은 너무 작아서 학교에서 사용하는 공책과 책들을 늘어놓기에 비좁을 때가 많다. 공책은 접으면 A4, 펼치면 A3 크기인데 무언가를 베껴 쓰려면 같은 크기의 교과서도 펼쳐야 한다. 그것만으로도 책상이 꽉 차서 연대표나 지도를 펼칠 공간이 부족하다. '여기를 밀면 저기서 떨어질 텐데' 하는 기분으로는 아이가 제대로 공부할 수 없다. '팔꿈치에 자꾸 메모지랑 교과서가 걸려서 공책에 뭘 제대로 쓸 수 없어' 하는 생각도 집중에 방해가 된다. 아이들의 무의식은 아슬아슬한 기분을 불쾌감으로 받아들인다. 자녀에게 긍정적인 학습 경험을 심어주고자 노력하는 부모라면 아이가 그런 기분을 느끼지 않도록 배려해야 한다.

그래서 나는 언제나 넓고 텅 빈 상판이 최고의 책상이라고 말한다. 아이가 숙제를 할 때는 물건이 떨어질까 걱정할 필요 없이 마음대로 책과 공책을 밀거나 가장자리에 올려둘 수 있어야 한다. 식탁이 좋은 또 다른 이유는 숙제가 다 끝난 후에는 음식을 조리하거나 식사를 해야 하므로 펼쳐놓았던 것을 다시 정리해 챙겨야 하기 때문이다. 아이 방 책상에 학용품과 교과서를 쌓아놓기 시작하면 항상 아수라장이 되기 마련이다. 반면 식탁에서 숙제를 마친 즉시 학용품을 치우고, 다음 날 학교에 가져가야 할 준비물을 책가방에 넣으면 아침에 허둥지 둥 챙길 필요도 없다. 숙제 시간의 마지막을 정리로 장식하면 완벽한 자유 시간이 허락된다.

저학년일수록 방에 혼자 앉아 공부하기 힘든 이유

저학년 아이에게 '공부방을 만들어주면 혼자 책상에 앉아 공부하 겠지' 같은 바람은 어른들의 과도한 기대다. 방에 혼자 들어간 아이는 온갖 놀잇감에 둘러싸여 있다. 그 놀잇감들은 받아쓰기 시험 연습이 나 나눗셈 활동지보다 훨씬 매력적이다. 그런데도 많은 부모가 아이 에게 이렇게 말한다. "이제 방에 들어가서 숙제해. 내가 20분 후에 검 사하러 갈 거야!" 방으로 들어간 아이는 정해둔 시간이 되어 다가오 는 부모의 발소리를 듣는 순간 패닉에 빠진다. 심지어 놀이에 푹 빠진 나머지 문이 열리는 줄도 모르고 있다가 현장에서 검거되는 아이도 있다. 나는 아이의 이런 행동을 백분 이해한다. 이런 상황은 전적으로 부모 잘못이다. 이는 마치 어른에게 집중해서 일하라고 하면서 바로 옆에 넷플릭스를 틀어놓거나 인스타그램을 열어놓는 것과 마찬가지 다. 손에 쥔 스마트폰에서 울리는 알람 때문에 끊임없이 주의가 흐트 러지는 상황을 모르는 어른은 없다.

그럴 때는 주의를 흐트러뜨릴 요소를 시야에 두지 않는 것이 최 선이다. 어른이라면 스마트폰의 전원을 끄거나 최소한 화면을 뒤집어 놓고, 아이라면 놀잇감 주변에서 숙제하지 않아야 한다.

사춘기에 들어선 아이에겐 이마저도 쉽지 않다. 그때쯤 되면 장난감은 큰 유혹의 대상이 아니다. 대신 침대가 문제다. 방에 혼자 들어간 청소년은 침대에 눕고 싶은 유혹에 끊임없이 시달린다. 그리고 자석에 이끌리듯 그 유혹을 떨쳐내지 못해 어느새 누워 있다.

그래서 나는 아이가 앉아서 공부하고 숙제하길 원한다면 자기 방에 혼자 들여보낼 것이 아니라 주방이나 거실의 식탁에 앉히는 편이 낫다고 이야기한다.

부모 서재에 아이의 책상을 두는 방법

십수 년간 아이들의 공부를 도운 내 경험상 혼자 방에 들어가 공부할 수 있을 만큼 자기 통제력을 갖춘 아이는 매우 드물다. 혹시 여러분이 "어? 우리 아이는 정말 잘하고 매일 그렇게 하는데요?"라고 말한다면 일단은 축하의 박수를 보내고 싶다. 하지만 모든 아이에게 그런 기대를 가지기란 어렵다.

실제로도 매우 드물다. 그 이유 중 하나는 아이의 책상 위에 놓인 다양한 물건 중에는 공부와 관련 없는 것이 많기 때문이다. 이를테면 친구에게 받은 편지나 만화책, 레고, 피규어 등이다. 하지만 아이가 소중히 여기는 이런 물건들을 무턱대고 다 치울 수도 없는 노릇이므로 아이의 책상에 공부하기 충분한 공간을 만들기는 쉽지 않다. 앞서 공부는 식탁에서 하는 편이 집중력과 빠른 정리를 위해 좋다고 주장한 이유와 일맥상통한다.

그래도 아이가 책상에서 공부하길 원한다면 이미 책상이 있고 이를 둘 공간도 충분하다는 전제 아래, 부모의 서재에 아이 책상을 함께 두는 방법을 추천한다. 이는 재택근무와 가정 학습이 동시에 이뤄지던 코로나 시기에 많은 가정에서 선택한 방법이다. 부모와 자녀가 함께 작업실 분위기를 누릴 수 있으므로 효과적이다. 단 함께 쓰는 서재에서 부모가 전화 통화나 화상 회의를 해선 안 된다.

나는 자녀가 숙제하는 동안 부모도 그 옆에서 함께 공부하길 권한다. 그러면 바람직하고 조용한 학습 분위기는 저절로 형성된다.

바람직한 학습 분위기는
어떻게 만들 수 있나요

시험을 앞둔 학생이 공부하러 도서관에 가는 이유는 '조용하지만 생산적인 분위기'를 누리기 위해서다. 모든 사람이 고개를 숙이고 자기일에 몰두하는 특유의 차분한 분위기는 집중에 도움이 된다.

하지만 자녀에게 그런 걸 기대하려면 적어도 고등학생은 되어야한다. 상대적으로 우리 눈앞에 앉아 있는 초등학생은 자기 조절력과자기 규율이 턱없이 부족하다. 어린이는 계획이 없고 이성적 사고를하지 못하며 자기 행동의 결과를 예측하지 못한다. 이런 아이에게 자기 방에 들어가서 지루하기 짝이 없는 숙제를 혼자서 해내라고 하는것은 지나친 요구다.

그래서 나는 숙제 시간만이라도 최대한 집 안에서 도서관 분위기를 조성할 것을 권한다. 도서관의 정숙 규칙을 그대로 적용하면 된다.

일단 스마트폰의 전원을 끈다. 어떤 부모들은 인터폰 소리도 줄인다. 물병이 넘어져서 책을 적시지 않도록 음료병은 바닥에 세워둔다. 그리고 다른 사람에게 방해가 되지 않도록 조용히 행동한다.

집에서 이런 분위기를 만드는 것은 힘들다. 보통 집안 분위기는 정반대일 때가 많고, 시끄럽고 난장판에 북새통이다. 그래서 숙제의 시작과 끝을 알리는 신호를 정하는 것이 중요하다. 도서관처럼 정숙할 시간임을 알리는 시작송과 그 끝을 알리는 마침송을 틀면 일상의 소란 중에 경계를 그을 수 있다. 이 규칙이 안착하려면 일정 기간 연습이 필요하다. 하지만 일단 자리 잡고 나면 모두가 그 혜택을 누릴 수 있으니 함께 노력해보자.

동생들은
어떻게 다루어야 하나요

이제껏 우리는 시작송과 학습 계획, 집중력 게임, 타이머, 도서관 분위기를 활용해 딱 한 시간, 숙제에 집중하는 방법을 배웠다. 하지만 이 방법에는 함정이 있다. 아이가 여럿이면 적용이 어렵다.

물론 아이가 둘인 가정에서도 아이 모두가 이 방식으로 숙제를 한다면 가능하다. 하지만 아직 학교에 다니지 않는 동생이 있다면 어떻게 해야 할까? 매우 까다로운 문제다. 동생들은, 물론 악의는 아니겠지만 갖은 수를 다해 정해진 공부 시간을 엉망진창으로 만드는 방해꾼들이다. 책상 위로 기어오르고, 시끄럽게 떠들고, 끊임없이 질문하고, 물건을 떨어뜨린다. 동생이 한 공간에 있는 것만으로도 도서관의 정숙 규칙은 지켜질 수 없다. 하지만 어린아이라면 원래 그런 걸 어쩌겠는가. 두 살짜리 동생이 계속 말도 안 되는 질문을 던지고 이상

아이 공부, 공부 정서부터 키워라

한 물건을 집어 던지는 와중에 초등학생인 아이에게 왜 공부에 집중하지 않느냐며 비난할 수도 없는 노릇이다. 솔직히 이런 상황에서는 완벽한 해결책을 기대할 수 없다. 하루에 딱 한 시간만이라도 작은아이를 조용하게 만들 길을 찾아야 한다.

동생을 그냥 옆에 앉히세요

동생이 네다섯 살 정도 되었다면 이 방법을 쓸 수 있다. 그 무렵이면 무언가를 집중해서 하는 기쁨을 아는 나이다. 자기 나이에 맞는 과제를 주면 더 이상 아기로 취급받지 않는다는 사실에 즐거워하며 기꺼이 형아 옆에 앉으려고 할 것이다. 그리고 형만큼이나 신중하게 자기 몫의 과제를 한다. 나는 이 방법의 유익함을 누리는 가정을 많이 보았다. 큰아이와 부모는 평화롭게 숙제할 수 있고, 작은아이는 입학하기 전부터 집중해서 공부하는 것이 무엇인지를 배울 수 있다.

나라면 미취학 어린이를 위한 학습지를 준비할 것이다. 시중에 수많은 학습지가 있으니 마음이 가는 대로 고르면 된다. 간단한 연산도 좋고 색칠 공부도 좋다. 학습지를 받아 든 동생은 형처럼 자신에게도 숙제가 생겼다는 사실에 자부심을 느낀다.

그리고 공부 시간이 시작되면 동생도 형과 마찬가지로 똑같이 대해야 한다. 큰아이와 학습 계획을 세웠다면 동생과도 똑같이 한다. "이제 15분 동안 뭘 할 거야? 3쪽 그림을 색칠하겠다고? 좋은 생각이야. 이제 시작해!" 타이머를 맞추고 15분이 흐른 뒤에는 동생의 과제도 점검한다. "색칠하는 건 어땠어? 쉬웠니 아니면 좀 어려웠니?"

큰아이에게 숙제 시간을 되돌아보는 질문을 던졌다면 작은아이에게도 똑같이 묻는다. 일찍부터 연습을 시작하면 학교 공부도 쉽게 따라갈 수 있을 것이다.

아이는 아이답게 키워야 하는 것 아닌가요

앞서 설명한 방법대로 어린 형제자매들을 함께 학습 활동에 참여시키라는 제안을 하면 종종 이런 반대에 부딪히곤 한다. 이렇게 말하는 부모님들도 있다. "이제 겨우 다섯 살인데 벌써 조기 교육을 시키라는 건가요? 일곱 살부터 시작해도 충분하지 않은가요?"

나 역시 학령기 이전 아이들이 무엇보다 '아이답게' 자라야 한다는 생각에 찬성한다. 그런 뜻에서 동생을 형님의 학습 활동에 참여시키라는 제안은 조기 교육과는 아무런 관련이 없다.

여기에서 핵심은 학령기 자녀가 자기 할 일에 집중하도록 학습 분위기를 이상적으로 조성하는 것이다. 동생을 곁에 앉히는 것 또한 그 목적을 이루기 위한 수단으로 이해되어야 한다. 동생이 과제를 놀이로 받아들이도록 유의하고 스트레스를 주지 않는다면 이 방법은 누구에게도 손해되지 않는 유익한 도구가 될 것이다. 그러니 "지금부터 너도 이 산수 문제 좀 풀어!"라며 학습지를 들이밀거나 시시콜콜 정답을 매겨선 안 된다. 물론 대여섯 살 난 꼬마에게 "1번, 3번 틀렸어. 다시 풀어봐!"라는 식의 피드백도 금물이다.

동생들이 형 곁에서 숙제하는 행위를 즐겁게 여길 수 있도록 쉽고 재미있는 과제를 준비하자. 자신이 받은 과제를 좋게 받아들인 아이는 기쁘고 편안한 마음으로 형의 학습 활동에 동참할 것이다.

특별한 무언가를 준비하세요

물론 형 곁에 가만히 앉아 있기를 결사적으로 거부하는 동생도 있다. 앞서 말한 방법이 통하지 않을 때는 동생을 위한 작고 예쁜 상자를 준비하고, 그 안에 평소 아이에게 주지 않았던 특별한 무언가, 예컨대 원래 갖고 있던 것보다 훨씬 화려한 색칠 공부 등을 넣어보자. 그리고 그 상자 안에 담긴 것을 형이 공부하는 시간 동안 해보거나 만져볼 수 있도록 정하면 동생에게도 마법을 걸 수 있다.

상자 안에는 만들기 세트를 넣어도 좋고 그 외에 아이가 평소에 갖지 못했던 것이라면 무엇이든 좋다.

특히 (스포티파이에서도 찾을 수 있는) 집중을 돕는 음악 플레이리스트를 여기에 적용하면 큰 도움이 될 것이다. 음악을 활용하면 친숙하고 유쾌한 방식으로 집중하는 분위기를 조성할 수 있다. 놀랍게도 이 방법은 아주 나이가 어려도 잘 통한다. 어린이집에서 내 플레이리스트를 활용한다는 선생님으로부터 메시지를 받은 적도 있다. "음악만 틀면 갑자기 아이들이 조용히 앉아서 30분씩이나 만들기를 한답니다." 어린이집에서 아이들을 조용하게 앉혀두기란 결코 쉬운 일이 아니다. 그러므로 음악을 적극 활용하길 권한다.

진지한 태도로 받아들이도록 이해시키자

숙제를 해야 할 형은 이 마법의 한 시간 동안 떠들거나 딴짓해서는 안 된다. 동생도 마찬가지다. 정해진 이 규칙은 모두에게 공평하게 적용되어야 한다. 여러분이 이 규칙을 진지하게 설명하고 강조하고 스스로 엄숙한 태도를 보인다면 어린 동생도 상황을 이해하고 받아들일 것이다.

하지만 아무리 애를 써도 통하지 않는다면 다른 수를 써야 한다. 내가 아는 어떤 부모님은 큰아이가 거실에서 마법의 한 시간을 보내는 동안에 세 살 난 동생을 방으로 데려가 오디오북을 틀어준다. 특별히 좋아하는 장난감을 그 한 시간 동안에만 가지고 놀 수 있도록 손에 쥐어준다. 어린 동생은 당연히 혼자 방에 있는 걸 싫어할 수도 있다. 그럴 때는 "같이 소파에 앉아서 헤드폰으로 재미있는 걸 듣자"라고 제안할 수도 있다.

때로는 간식도 도움이 된다. 특별히 맛있는 것이면서 씹는 데 오래 걸리는 것을 구하자. 물론 아이의 치아 발달 상태 등을 고려해 '적당히 오래' 씹을 수 있는 것이면 좋겠다. 그리고 휴식송이 들리면 동생도 함께 일어나서 모두 같이 몸을 움직이고 웃으며 신선한 공기를 마시게 하자.

텔레비전은 최후의 수단으로

교육적 가치가 떨어지고 최대한 피하고 싶지만 큰아이에게 공부할 시간을 주기 위해 다른 선택지가 없다면, 최후의 수단으로 동생에게 텔레비전을 틀어줄 수 있다. 그러나 이 선택에는 갈등의 소지가 있다. 당연히 큰아이도 공부하는 대신 텔레비전을 보고 싶을 것이기 때문이다. 하지만 동생을 가만히 있게 할 다른 방법이 없다면, 형제자매 간의 다툼을 감수하고서라도 텔레비전을 틀어야 한다. 오직 큰아이의 학습 시간을 사수하기 위해서다. 차분한 분위기가 조성되지 않으면 집중이 되지 않을 뿐만 아니라 공부에도 영향을 미친다. 작은아이에게 텔레비전을 틀어주면 큰아이는 물론이고 가족 모두가 부정적인 영향을 받을 수 있다. 그래서 나는 텔레비전은 임시방편이나 최후의 수단으로서만 합리화될 수 있다고 생각한다.

그 시간 동안 주변 누군가에게 작은아이를 맡길 수 있다면 그것도 방법이다. 할아버지나 할머니, 삼촌이나 이모 혹은 믿을 만한 이웃이 주변에 있다면 좋겠다. 하지만 이 대안은 상황이 허락될 때만 쓸 수 있는 선택지다. 그래서 그보다는 부모가 모두 퇴근한 다음, 아이를 분담해 맡는 방법을 택하는 가정이 많다. 대부분은 저녁 시간이다. 물론 숙제하기에 이상적인 시간은 아니지만 핵가족이 다수의 자녀를 나눠 돌볼 수 있는 시간은 사실상 그때뿐이다. 더군다나 늦은 저녁에는 작은아이가 이미 잠자리에 들었을 가능성이 크므로 차분한 분위기를 지키기가 한결 수월하다는 장점이 있다.

바꿔 가르치기를 추천하는
이유는 무엇인가요

같은 반 친구 부모 중 한 명과 서로 아이를 바꿔서 가르쳐보는 방법도 있다. 가령 우리 집 큰아이와 친구 집 큰아이는 우리 집에서, 우리 집 작은아이와 친구 집 작은아이는 친구 집에서 숙제를 하는 식이다. 바꿔 가르칠 친구가 외동인데 우리 집엔 동생이 있다면 큰아이만 보내서 숙제를 하고 오게 할 수도 있다. 나는 어떤 식으로든 다른 부모들과 적극적으로 소통하여 이 방법을 꼭 시도해보길 강력히 추천한다.

두 아이를 떼어놓을 수 있다는 것 외에 바꿔 가르치기의 확실한 장점이 하나 더 있다. 바로 자기 자녀가 아닌 아이의 숙제를 봐주는 것이 훨씬 쉽다는 것이다. 하물며 나조차 앞서 제시한 모든 전략을 남의 아이보다 내 아이에게 적용할 때 훨씬 어려웠다. 그러므로 나는 숙제 및 공부 시간을 정하고 부모들이 아이를 바꿔서 가르치는 것은 언제나 바람직하다고 생각한다. "제가 댁의 아들에게 수학을 가르칠 테니 대신 저희 딸에게 국어를 좀 가르쳐주시겠어요?" 이 말 한마디면 모두가 행복해진다. 다툼은 사라지고 숙제는 척척 해결되니 누이 좋고 매부 좋은 일이다. 얼마나 좋은지는 직접 해보면 금세 알게 될 것이다.

코로나 시기에 나는 조부모나 삼촌, 이모가 화상으로 아이의 숙제를 챙기거나 특정 과목을 가르치는 방법을 제안한 적도 있다. "말이 쉽지!" 누군가는 투덜거릴 수도 있다. 물론 남의 손을 빌려야 하니 번거로운 일이다. 하지만 부모 둘이서 모든 것을 챙기려고 하다 보면 상황이 버거울 때가 있다. 그럴 땐 대안으로 친척들을 동원해보는 것도 좋다. 주변의 도움 없이 혼자서 해내겠다고 고집을 피우다가 상황이 더 나빠질 수도 있다. 어른은 짜증이 북받치고, 아이는 눈물을 터뜨린다. 감정만 상하고 숙제는 제대로 되지 않아 아이는 점점 학교생활이 힘들어진다. 이보다 더 심각한 문제가 있을까?

물론 바꿔 가르치기를 위해서는 어느 정도의 번거로움을 감수해야 하는 것이 사실이다. 그래도 이미 많은 부모님이 극복하고 바꿔 가르치기를 실천하고 있다.

숙제와 연습의 차이는
무엇인가요

단순하게 말하자면 숙제는 교사가 해오라고 시킨 것을 공책에 적어가는 것이다. 연습은 숙제와는 상관없이 집에서 하는 공부다. 물론 두 가지가 일치할 때도 있다. 이를테면 교사가 '오늘 배운 단어를 **연습**해보기'를 **숙제**로 냈다면 숙제와 연습이 동시에 일어난다.

나는 숙제가 아닌 연습이 중요하다고 생각한다. 그런데 안타깝게도 숙제를 하느라 연습할 시간은 항상 부족하다. 배운 내용을 혼자서 익힐 때 아이는 꾸준히 그리고 효율적으로 해나가는 법을 배울 수 있다. 그래서 나는 아이에게 연습 시간을 넉넉히 주어야 한다고 생각한다. 간단히 정의하자면 연습은 학습 내용이 몸에 배도록 익히는 것이다. 학습 내용을 단순히 아는 것과 툭 치면 자동으로 뱉어낼 수 있을 때까지 익히는 것은 다르다. 배운 것을 자기 능력으로 만드는 과정에서 자동화는 빠질 수 없는 단계다.

구구단을 예로 들어보자. 구구단은 '달달' 외워야 한다. 그래서 2단부터 9단은 물론이고 9단부터 2단을 역방향으로도 외울 수 있어야 하며, 수가 점점 늘어나게 외우는 것은 물론이고 점점 줄어들게도 외울 수 있어야 한다. 물론 외우지 않고 이해하는 방법도 있지만 그러면 매번 곱셈을 해야 하므로 고학년 수학을 따라갈 수가 없다. 그러므로 아이가 구구단을 완전히 익혀서 나중에 필요할 때 오류 없이, 초고속으로 떠올릴 수 있도록 연습을 도와야 한다. 구구단을 외울 때 책상 앞에 가만히 앉아 있을 필요는 없다. 오히려 바깥에 나가서 상자를 쌓거나 멜로디에 맞춰 노래를 부르거나 손발을 움직이는 동작을 동원할 때 아이들은 훨씬 쉽고 빠르게 구구단을 외운다. 우리는 이미 '책상에서만 숙제하란 법 있나요?'에 소개한 사진 중에서 구구단을 외우는 인상적인 방법 몇 가지를 확인했다.

틀렸다면 지적해서
바로잡아야 하나요

많은 부모님이 이 문제를 두고 고민한다. 부모가 지적하는 역할을 도맡을 때 아이는 더 크게 낙심하고, 때로는 부모 자식 사이에 다툼이 일어나기도 한다. 하지만 부모 입장에서는 잘못된 지식이 그대로 남도록 내버려두기도 곤란하다.

초등학교 교사들에게 어떻게 하는 게 좋을지 물으면 열에 아홉은 "제발 고치지 마세요!"라고 답한다. 아이 스스로 한 과제를 그대로 가져와야 아이가 얼마나 이해했고 어디를 보충해야 할지 교사가 한눈에 파악할 수 있기 때문이다. 그러니 일단은 담당 교사에게 물어보자.

내가 이런 이야기를 하면 종종 합리적인 반론을 제기하는 부모님이 있다. "제가 아이와 차분하게 오답을 고치는 편이 훨씬 나아요. 학교 수업에서는 단순히 '앗, 틀렸네. 고치자'로 끝날 때가 많잖아요. 집에서처럼 어디가 틀렸는지 자세히 들여다보고 왜 그렇게 됐는지를 이야기하는 경우가 드물어요. 그냥 쓱 지우고선 정답을 적어넣죠."

하물며 이렇게 이야기하는 부모님도 많다. "이번 담임은 아예 고쳐주지도 않아요!" 당연히 매일 25명의 숙제를 하나하나 점검하고 수정하기는 현실적으로 불가능하다. 그렇게 말하는 부모님 입장도 충분히 이해하므로 이럴 땐 이렇게 말한다. "그런 상황이라면 직접 검사하는 편이 낫겠어요."

하지만 그럴 때조차 나는 일단은 교사와 논의한 후에 방법을 결정하고 집에서 검사한 내용을 메모 등의 방식으로 전달하여 어떤 부분을 아이가 어려워하는지 교사에게 알리기를 권한다. 교사가 틀린 부분을 확인하려는 까닭도 이런 부분을 알아야 하기 때문이라서 이렇게 하면 양쪽 입장을 편안하게 조율할 수 있다. 다만 집에서 숙제 검사를 할 때는 부모가 잘못된 답을 알려주어서 아이에게 혼동을 주는 일이 없도록 특별히 주의해야 한다.

이런 일은 생각보다 자주 일어난다. 독일은 몇 년에 한 번씩 교과 과정과 내용이 개편되어 뺄셈 방식이 바뀌는 등의 일이 자주 생기기 때문이다. 또한 교육 과정의 회차나 학교가 소속된 주에 따라서 동일한 내용을 다르게 가르치기도 한다. 그중 대부분은 부모가 학창 시절에 배웠던 것과는 분명 다른 방식이다. 그런 내용과 맞닥뜨렸을 때 "아니, 이게 틀렸네. 내가 뭐가 맞는지 얼른 보여줄게" 하고 가르쳐주었다가는 아이를 혼란에 빠뜨릴 수 있다. 또한 아이가 궁금증이 생겨 교사에게 물어보거나 책이나 학습지에서 스스로 찾아 확인하지 못하도록 오히려 방해하는 격이기도 하다. 이런 이유로 학부모 총회를 통해 교육 과정상 달라진 부분을 안내하는 학교도 많다. 오답에 관한 내용은 중요한 주제이므로 제10장에서 좀 더 자세히 살펴보도록 하자.

아이 공부, 공부 정서부터 키워라

휴식 시간에 텔레비전을 보여줘도 될까요

좋은 질문이다. 하교 직후 혹은 숙제하기 전후에 텔레비전 보기를 좋아하는 아이들이 많다. 그런데 보여줘도 괜찮을까?

힘든 일과를 마친 후에 조금 뒹굴거리고 싶은 아이의 마음은 백 번 이해한다. 누구보다 어른이 그 마음을 잘 안다. 스트레스가 많은 하루를 보내고 손가락 하나 까딱할 힘도 남아 있지 않을 때면 '아, 얼른 집에 가서 텔레비전이나 보고 싶다'라는 생각이 절로 들지 않던가. 그렇게 우리는 여러 텔레비전 프로그램과 유튜브 동영상에 중독되는데, 특히 아이들은 그 정도가 어른보다 심하다.

나는 미디어 시청이 꼭 나쁘다고 생각하지는 않는다. 다만 학교에서 힘든 하루를 보낸 아이에게 필요한 것이 텔레비전은 아니다라는 이야기를 하고 싶다. 자기 관리 혹은 자기 조절에 적합하지 않은 수단이기 때문이다. 텔레비전은 아이가 평정을 되찾고 기력을 충전하는데 도움이 되지 않는다. 이는 어른에게도 마찬가지다.

아이들이 자기 자신을 잘 이해하고 다음과 같이 생각하도록 돕는 것이 내 목표다. '아, 또 이상한 기분이 드네. 피곤하고 기분이 나쁘고 기운도 없어. 그러니까 텔레비전을 보고 싶은 충동이 생기는구나. 하지만 나는 이런 상황에서 텔레비전을 보는 것이 내 머리와 정신에 좋지 않다는 것을 배웠어. 온 가족이 모여 팝콘을 먹으면서 영화를 보는 것은 좋지만, 텔레비전은 이와 달라.' 하교 후에 텔레비전을 보며 뒹굴거리는 것은 그저 불편한 기분에서 벗어나기 위한 보상 행동에 불과하다. 그리고 바로 그 지점에서 중독이 시작된다. 다른 중독도 다르지 않다. 예컨대 나는 오랜만에 친구들을 만나는 즐거운 자리나 좋은 요리가 있을 때 와인을 한잔 마신다. 하지만 불행한 기분을 해소할 목적으로는 술을 입에 대지 않는다.

몸과 마음이 지친 순간에는 손에서 스마트폰을 내려놓고 20분이라도 산책하거나 친구와 전화 통화를 하거나 어질러진 집 안을 치우는 편이 훨씬 낫다. 여기에 딴지를 걸 사람은 드물 것이다. 그러고 나면 정리된 기분이 든다. 평정을 되찾고 다시 무언가를 할 의욕이 생긴다.

하교 후 텔레비전 시청을 반대하는 또 다른 이유는 직접적인 학습 활동을 마친 후에도 그 내용이 잠재의식에 뿌리내리는 과정이 계속 진행되기 때문이다. 그때 텔레비전을 켜면 이 중요한 학습 시간을 망쳐버린다. 텔레비전의 강력한 시각 자극이 배운 것을 뒤덮는다. 그래서 나는 학습 후 시간을 의미 있게 보낼 수 있는 전략을 아이와 함께 개발해보길 권한다. 피로를 해소하고 기력을 충전할 전략은 아이마다 다르겠지만 텔레비전은 결코 여기에 해당하지 않는다.

하지만 이 말이 곧 아이에게 절대 텔레비전을 보여주어선 안 된다는 뜻은 아니다. 나쁜 기분을 해소할 목적으로나 학습 직후에만 보여주지 말라는 이야기다. 온 가족이 모여 "우리 집에서는 원한다면 저녁 6시에서 7시 사이에 텔레비전을 시청할 수 있다" 같은 규칙을 정하는 것이 바람직하다.

혹시 자녀의 미디어 활용과 관련해 더 많은 조언을 얻고 싶다면 중등교사 아니카 오스트호프Anika Osthoff와 저널리스트 레오니 루츠Leonie Lutz가 함께 쓴 《금지하기보다는 함께하기Begleiten statt verbieten》를 읽어보길 추천한다.

숙제 후에 독서하게 하려면
어떻게 해야 할까요

이 질문 뒤에 꼭 따라붙는 말이 있다. "우리 애는 책에 아무런 흥미가 없어요."

읽기 능력이 얼마나 중요한지는 굳이 설명하지 않아도 잘 알 것이라고 생각한다. 아이가 읽기만 잘해도 모든 과목, 모든 숙제가 한결 쉬워진다.

읽기를 배우는 과정은 힘들고 많은 노력이 필요하다. 그 이유는 배움의 시작점에서 아이가 읽을 수 있는 것과 아이가 재미있어하는 것 사이에는 간극이 크기 때문이다. 예를 들어 독일의 초등학교 1학년 교육 과정에서는 'momo'나 'lilo'처럼 알파벳 음가를 익히기 위해 작위적으로 만든 단어를 배운다. 하지만 정작 1학년 아이들이 읽고 싶은 건 포켓몬스터의 포켓몬 이름이다. 교과서에 실린 글이 마음에

아이 공부, 공부 정서부터 키워라

들어서 읽고 싶은 욕구를 불태우는 아이는 거의 없다. 그래서 나는 읽고 싶은 마음을 불러일으키기는커녕 의욕을 꺾어버리기 십상인 저학년 독본을 어서 치워버리라고 권한다. 물론 아이가 별 불만 없이 그런 책을 잘 읽으면 상관없다. 하지만 아이가 어려움을 겪는다면 그 따분한 읽기 과제를 버리고 재미있고 활동적인 방법으로 읽기를 개선해주어야 한다. 아이 손에 실제로 읽고 싶은 의욕을 불러일으킬 만한 텍스트를 쥐여주어야 한다. 읽고 싶은 의욕은 읽어야 할 진짜 이유가 있을 때 일어난다. 실생활에서 마주치는 글 속에는 아마 아이가 모르는 단어가 종종 튀어나올 것이다. 하지만 그 내용에 진심으로 관심이 있는 아이는 그 알 수 없는 글자를 도전으로 생각하며 해독하는 데 관심을 보일 것이다.

독서의 첫 번째 단계: 소리 내어 읽어주기

생각보다 아이들은 모르는 글씨와 단어가 나오는 글도 잘 소화한다. 읽기를 배울 때 무엇보다 중요한 것은 동기이기 때문이다. 관심 있는 글을 다 이해할 만한 수준에 도달할 때까지 아이는 모르는 글씨가 난무하는 텍스트를 계속해서 읽는다. 어떤 아이는 이미 초등학교 3학년에 그런 수준에 도달하지만, 5학년 혹은 중학교에 간 다음에야 자기가 읽은 것을 제대로 이해하는 아이도 있다. 그리고 안타깝게도 독일에서는 학교에 다니는 아이 중 20퍼센트가 끝내 그 능력에 도달하지 못한 채 졸업한다. 특히 부모의 교육 수준이 낮은 가정의 아이들은 학교는 다녔지만 기능적으로는 문맹에 가까운 사람으로 남을 수도 있다.

진짜로 자기가 읽고 싶은 텍스트를 이해할 수 있는 능력은 일찍 갖춰질수록 좋다. 아이가 이 능력을 습득하는 기간이 길어질수록 읽기를 배우는 것은 점점 어려워진다. 성장에 따라 사람의 관심사는 복잡해지고 읽기 능력과 관심사의 격차는 점점 벌어지기 때문이다. 문해력이 떨어지면 당연히 독서에서도 즐거움을 느낄 수가 없다.

그러므로 읽기 능력과 관심 간의 격차를 가능한 한 빨리 메우기 위해 1학년 때부터 꾸준히 노력하는 것이 중요하다. 무엇보다 읽기 능력을 키우는 첫 단계는 읽어주기라는 사실을 부모가 받아들여야 한다. 읽어주기는 아기 때부터 시작된다.

나는 부모님들에게 적어도 아이 혼자서 매일 15분씩 독서할 수 있을 때까지는 계속 책을 읽어줄 것을 권한다. 그러므로 열 살짜리에게도 필요하다면 밤마다 책을 읽어주어야 한다. 내 경험상 많은 부모님이 "이제 읽을 수 있으니 혼자 읽어!"라며 읽어주기를 너무 빨리 멈춘다. 하지만 그런 아이들이라도 아직 자기 관심 분야의 책을 읽을 만큼 유창하게 읽어내지 못할 때가 많다.

고학년 아이에게 책을 읽어줄 때 내가 권하는 방식은 함께 읽기다. 가령 해리포터를 읽어준다면 처음에는 각 장의 첫 문장을, 그다음에는 각 페이지의 첫 문장을, 그다음에는 각 단락의 첫 문장을 아이가 읽도록 유도해서 점점 아이가 읽는 분량을 늘려나간다. 그러다 보면 부모와 아이가 단락을 주고받으며 읽을 수 있게 된다. 이렇게 차근차근 읽기 능력을 키우면 어느새 아이가 혼자서 계속 읽는 순간이 온다.

아이 공부, 공부 정서부터 키워라

다시 한번 강조하건대, 아이가 혼자 읽을 수 있을 때까지는 부모가 글을 읽어주어야한다.

독서의 두 번째 단계: 실생활에서 읽기 기회 만들기

아이가 더듬더듬 글씨를 읽기 시작하는 완전 초기 단계에는 실생활에서 읽기의 기회를 제공하는 것이 중요하다. 이를테면 마트에서 쇼핑 목록을 적은 메모를 아이에게 넘긴다. 그 순간 아이에겐 글자 덩어리인 텍스트를 정확하게 해독할 합리적인 이유가 생긴다. 메모를 읽으며 아이는 중요한 일에 참여한다는 기분을 느끼고 이런 식으로 가사에 이바지하는 데 자부심을 품는다.

살아 있는 읽기를 할 수 있는 또 다른 기회는 간판 읽기다. 횡단보도에서 초록불을 기다리며 멈춰 서 있을 때 함께 간판을 읽는 것이다. 아이와 함께 요리할 기회가 있다면 레시피를 같이 읽어도 좋다. 어린이용 요리책이 있다면 더할 나위 없이 좋다. 새로운 보드게임이나 만들기 키트를 샀다면 사용 설명서를 읽는 것도 방법이다. 아이에게 적당한 내용의 뉴스나 신문 기사를 정해서 읽어도 좋다. 또는 할아버지와 할머니가 보낸 개인적인 문자나(단 독서 초보자들을 위해 스마트폰 글씨 크기를 키워서) 삼촌이 보낸 엽서를 읽는 것도 살아 있는 읽기를 하는 데 더없이 소중한 기회다. 아이에게 상상 속 친구가 있다면 부모가 그 친구가 되어 엽서를 보내보면 어떨까? 가족에 관한 재미있는 이야기를 아이의 수준에 맞춰 쓰되 어른의 필기체는 아이가 읽기 어려울 수 있으니 글씨를 인쇄해 붙여보자.

좀 더 재미있는 방법을 원하는 이들에게는 '채터픽스Chatter Pix'라는 애플리케이션을 추천한다. 곰 인형이나 가구, 사람 등 다양한 대상을 사진으로 찍은 다음, 이를 이모티콘 캐릭터로 변신시키는 앱이다. 예를 들어 주인공으로 소파를 선택했다고 치자. 소파 사진을 찍은 다음, 사진에서 입 모양 스티커가 들어갈 자리를 선택하고 화면에서 녹음 버튼을 눌러 녹음을 하면 소파가 말하는 것처럼 더빙된 동영상이 만들어진다. 여기에 안경, 모자 등의 스티커를 붙여 꾸미거나 다양한 효과를 추가해 아이의 시선을 끌 수 있다. 아이가 좋아하는 것이 무엇이든 주인공으로 삼아 말하게 할 수 있다.

오디오북 녹음도 아이들의 흥미를 자극할 수 있는 좋은 방법이다. 요즘엔 스마트폰에 녹음 기능이 있으므로 누구나 간편하게 오디오북을 만들 수 있다. 네 살짜리 사촌 동생에게 그림책을 선물하면서 초등학생 형이나 누나가 오디오북을 녹음해서 같이 주면 어떨까? 아이는 그 어느 때보다 유창하고 실감 나게 읽으려고 최선을 다할 것이다. 진짜 성우들이 녹음하는 것처럼 효과음까지 넣으면 지루했던 읽기를 놀이처럼 바꿀 수 있다.

만화책 읽기

만화책 광팬인 나는 만화책을 읽는 것이 진정한 독서가 아닌 것처럼 취급되는 현실이 터무니없다고 생각한다. 읽기를 배우기에 만화책처럼 좋은 수단도 없다. 아이가 만화를 좋아해서 몇 년 동안 만화책만 읽는다 해도 문제 될 것은 없다. 어른이 되어서까지 만화를 즐겨 읽는 사람들도 많다. 그래픽노블이란 장르가 얼마나 많은 사랑을 받는지 떠올려보자.

독일 만화책의 고전으로 여기는 〈웃기는 종이책Lustiges Taschenbuch〉 시리즈나 프랑스 국민 만화라 불리는 〈아스테릭스와 오벨릭〉 시리즈 외에도 아이들이 읽기 좋게 그려진 멋진 만화책은 많다. 여러분의 자녀가 만화책을 통해 독서의 세계로 인도된다면 훌륭한 사건이다. 그러니 다른 사람들이 하는 말에 휘둘릴 필요가 전혀 없다.

그보다 더 중요한 것은 읽기를 좋아하게 되는 것, 즉 독서를 유쾌한 일과로 정착시키는 것이다. 이를테면 평일 저녁이나 주말 오전이면 으레 부모와 자녀가 서로 몸을 비비면서 책을 읽는 것이다. 소파에 기대어 코코아를 마시면서 읽는 것도 좋다. 아이가 '읽는 게 좋아. 독서는 즐거워'라는 기분을 느끼도록 하는 게 중요하다. 같은 맥락에서 "지금부터 25분 동안 학교 권장 도서를 읽어!"라고 몰아붙이는 것은 독서 습관을 망치는 일이다. 읽는 즐거움을 힘으로 꾹 눌러버리는 노릇이다. 독서가 해야 할 여러 가지 일 중 하나가 되어버릴 때 아이의 머릿속에는 '독서는 지겨워!'라는 생각이 빠르게 뿌리내린다. 그렇게 되지 않도록 노력해야 한다.

틀리는 부분은 읽는 중간에라도 바로잡아 주어야 하나요

처음에는 그리고 언제든 아이는 실수하기 마련이다. 아이가 틀릴 때마다 사사건건 지적하면 아이는 의욕을 잃는다. 그러니 중간중간 틀린 것을 정정하려 하기보다는 다 읽은 후에 맥락상 중요한 단어 한

두 개만 다시 읽어보도록 하는 게 좋다. 단어 하나하나를 정확하게 읽는 데 신경을 쓰면 읽기 능력을 확장시키기 어렵다.

특히 이제 막 읽기를 시작하는 아이의 오류를 바로잡을 때는 최대한 부드럽게 접근해야 하고 흐름을 막아서는 안 된다. 손으로 틀린 단어를 집되, 말로 끼어들지 않는 편이 좋다. 혹은 틀렸다고 지적하는 대신, 한 번 더 읽어보라고 권해야 한다. 혹은 역할을 바꿔서 읽는 것도 효과적이다. 여러분이 큰 소리로 천천히 읽으면서 반복적으로 실수한 부분을 읽는 과정에서 아이가 실수를 자연스레 깨닫도록 하는 것이다.

의욕을 북돋우기 위해서는 때로는 '꼼수'도 필요하다. 예를 들어 새로운 책을 읽어주다가 결정적인 대목에서 갑자기 "어머, 세탁기 돌리는 걸 깜빡했네. 잠깐만 있어 봐!" 하고선 책을 펼쳐둔 채 자리를 박차고 일어나는 것이다. 궁금증을 참지 못한 아이는 혼자 책을 들고 읽기 시작한다. 그렇게 5분 후에 돌아오면 책에 푹 빠진 아이를 보게 될 것이다.

그렇다. 독서를 배우는 것은 정말 힘들고 지루한 과정이다. 그러므로 우리 어른이 모범을 보이고, 바람직한 읽을거리를 제공하고, 읽는 재미에 집중할 수 있도록 하고, 글에서 재미있는 부분을 찾아주는 등의 노력을 기울여야 한다. 눈에 쌍심지를 켜고 틀리게 읽는 부분을 잡아 지적하거나 "제발 10분이라도 책 좀 읽어라!"라고 잔소리하는 것은 아무런 도움이 되지 않는다.

아이 공부, 공부 정서부터 키워라

우리 아이는 독서에 눈곱만큼도 관심이 없어요

나는 종종 부모님들로부터 이런 이야기를 듣는데, 그럴 때마다 빙긋 웃지 않을 수 없다. 한 아이가 세상 그 어떤 글에도 흥미를 느끼지 않을 확률은 지극히 희박하기 때문이다. 그저 아이가 관심사를 찾을 만큼 충분한 글을 접해보지 못했을 확률이 높다.

그래서 동네 서점이나 도서관을 자주 방문하는 것이 매우 중요하다. 책만 고집할 것이 아니라 잡지 등을 들추어봐도 좋다. 나는 책이라면 거들떠보지도 않는, 그 어떤 글도 읽으려 하지 않는 학생을 맡은 적이 있다. 하지만 그 아이도 자동차 잡지를 발견한 순간부터 기나긴 독서 거부 기간에 종지부를 찍었다. 아이는 닥치는 대로 과월호를 찾아 읽었고 짧은 시간 안에 엄청나게 많은 글을 읽게 되었다.

이 또한 예외적이긴 하지만 포켓몬 카드처럼 아이가 좋아해서 수집한 카드 뒷면에 적힌 짧은 글도 읽기를 싫어하는 아이의 흥미를 북돋우기에는 제격이다. 아이의 의욕을 불러일으킬 수만 있다면, 아이에게 적합한 내용이라면, 무엇을 읽어도 좋다.

제10장

오답은
기회다

오답이 없다면
난이도를 의심하라

ㅋ

우리는 제1장에서 두 개의 다른 마인드셋을 논하며 오답과 이를 처리
하는 좋은 방법에 관해 이야기했다. 또한 제9장에서 숙제와 독서에
관한 구체적인 방법론을 설명하면서 오류와 실수에 관해서도 다뤘다.
하지만 오답을 고치는 문제는 매우 중요한 주제이므로 이번 장을 통
해 좀 더 확실하게 짚고 넘어갈 필요가 있다고 생각한다. 오답을 부정
적으로 바라보는 통념과는 달리, 오답은 공부하는 법을 배울 수 있는
엄청난 기회이기 때문이다.

본능적으로 우리는 아이가 숙제나 읽기를 할 때 실수하지 않길
바란다. 하지만 장담컨대 여러분의 아이가 실수할 수 있을 때 그리고
그 실수들이 장점과 성장을 지향하는 방향으로 수정 및 보완될 때 아
이는 훨씬 더 많은 것을 배운다. 오히려 나는 아이가 아무것도 틀리지

않을 때 그 과제가 너무 쉽지는 않은지 의심한다.

그렇다고 오해는 하지 말길 바란다. 나 또한 무언가를 오래 연습한 아이가 언젠가 오류 없이 그것을 해냈을 때는 진심으로 기뻐한다. 하지만 새로운 과제를 받은 아이가 **단숨에** 하나도 틀리지 않고 해낸다면 그때는 난이도를 의심해봐야 한다는 뜻이다.

나는 우리가 도전을 통해서만 성장할 수 있다고 확신한다. 그 점에서 오류와 실수는 환영받아야 마땅하다. 왜냐하면 틀렸다는 것은 내가 아직 할 수 없는 것을 시도했다는 증거이기 때문이다. 그 자체로 멋지고 용기 있는 일이다. 나 또한 한 번에 이해되지 않는 일을 기꺼이 해보는 편이고 그런 도전의 경험 위에서 성장했다. 나의 오류와 실수는 그 경험의 증거다.

그런 점에서 틀릴까 봐 두려워하는 마음은 공부를 가로막는 큰 장애물이다. 나는 오답을 의연하게 받아들이는 아이를 만나면 반가운 나머지 이렇게 혼잣말하곤 한다. '이번에는 할 일이 많겠어. 하지만 새로운 과제에 도전할 용기가 있는 아이니까 가능성은 무궁무진해. 이 아이는 무언가를 배우는 데 제일 좋은 방법을 알고 있어.'

이 지점에서 우리는 다시 한번 고정 마인드셋과 성장 마인드셋의 차이를 떠올릴 필요가 있다. 책의 첫 장을 마인드셋으로 시작한 것은 그만큼 중요하기 때문이다. 긍정적인 공부 정서를 키우는 성장 마인드셋은 성공하는 공부를 위한 절대적인 기초인 동시에 오답을 다룰 때도 마찬가지로 중요한 역할을 한다.

고정 마인드셋을 지닌 사람은 오류를 통해 '자신이 할 수 없는

아이 공부, 공부 정서부터 키워라

것'을 증명했다고 생각한다. 반면 성장 마인드셋을 지닌 사람은 오답을 발견하면 이렇게 생각한다. '오, 좋아. 새로운 도전 과제가 생겼네. 이 부분을 연습해야겠군.' 우리는 아이들이 자기 한계를 넘어서 무럭무럭 자라길 바라고, 안전지대 너머의 새로운 세상에도 도전하길 바라고, 넓고 다양한 세상에서 새로운 것을 발견하고 많이 배우길 바란다. 그렇기 때문에 우리는 오류에 관한 긍정적인 정서를 조성하고 유지해야 한다. **"실수하지 않는 사람은 다양한 많은 것을 해보지 않는 사람이다"**라는 말을 명심하자.

나는 시험지에서 오답을 발견하면 빗금 대신 예쁘고 특별한 표시를 한다. 일단은 오답 옆에 한 번 더 들여다보라는 뜻으로 돋보기를 그린다. 그리고 오답을 찾은 아이가 옳바르게 고치면 돋보기 표시에 햇살을 추가하여 빛나는 해로 변신시킨다.

만약 아이가 글짓기에서 맞춤법 20개를 틀렸다면 오답을 수정한 후에는 원고지에 태양이 20개나 빛나게 된다. 이 태양은 오답이 나쁘기는커녕 축하받을 이유라는 메시지를 직관적으로 알리는 표시다.

오답을 표시하는 것만큼이나 정답도 중요하다. 꽃, 작은 도끼, 스마일 등과 함께 "와우!" "멋져!" "참 잘했어요!" "정말 많이 연습했구나!" 등의 짧은 감탄을 곁들이는 것도 좋다.

또한 오답을 표시하고 수정할 때 쓰는 펜의 색깔도 신중하게 골라야 한다. 빨간색은 부정적 신호로 받아들여질 때가 많다. 그래서 나는 초록색이나 분홍색을 사용하는 편이지만 기본적으로는 어떤 색이든 상관없다.

오답의 두려움에서
아이를 구하는 말버릇

안타깝게도 많은 아이가 틀리는 걸 두려워한다. 학교에서는 오답이 많으면 낮은 점수를 주는 것도 모자라 그 옆에 찡그린 표정의 이모티콘까지 그려 넣어준다. 이런 분위기에서 아이에게 실수와 오류를 향한 긍정적인 정서를 심어주기란 쉽지 않다. 하지만 노력하면 된다. 부모의 말버릇을 고치면 오답의 두려움으로부터 아이를 구할 수 있다.

첫째, 잘하는 것에 초점을 맞춘다. "이것 봐. 여기 이거 다 맞았네." 정답과 오답이 섞여 있는 경우라면 정답의 개수부터 세고 이렇게 말한다. "와, 열 개 중에 여덟 개나 맞혔어!"

둘째, 나는 "실수는 실력이다"라는 말을 좋아한다. 먼저 여러분 스스로가 이 말에 확신을 가지고 아이에게도 말하자. "여기 봐. 이 실수는 금방 네 실력이 될 거야. 여기에서 정말 많은 것을 배울 수 있거든."

셋째, 즐거운 놀이로 실수를 지적하는 방법도 있다. 예를 들어 맞춤법이 틀렸다면 "어, 쌍시옷이 빠졌네. 잠깐, 내가 잡아올게!"라고 말하고선 허공에서 손으로 쌍시옷을 잡는 시늉을 하고 색깔 펜으로 채우는 식이다. 고무로 된 작은 인형을 활용해 오답을 고치기도 한다. 시험지를 채점하고 점수를 매길 때 엄격한 올빼미 한 마리를 옆에 두고서 오답을 발견하면 문제 위로 내려앉게 한 다음에 다시 한번 답을 물어볼 수도 있다.

넷째, 결과가 아니라 노력에 집중한다. "우와, 글이 정말 많이 좋아졌다. 열심히 노력하는 네 모습이 얼마나 멋진지 몰라. 이제 틀린 데가 세 군데밖에 안 남았어. 글을 거꾸로 읽어볼까? 그럼 무엇이 틀렸는지 금방 알아챌 것 같은데?" 글짓기에서 맞춤법을 점검할 때 내가 자주 쓰는 방법이다. 순서대로 읽으면 눈이 자동으로 다음 단으로 넘어가지만, 뒤에서부터 거꾸로 읽으면 앞서나가려는 충동이 줄어든다. 그래서 내용을 파악하긴 어렵지만, 맞춤법이 틀린 곳은 더 쉽게 찾을 수 있다.

다섯째, 내용에 관한 이해가 부족한 경우라면 오답을 수정할 때는 친절한 설명이 우선이다. "이 문제를 틀린 것 보니까 내 설명이 부족했나 봐. 틀리지 않았다면 그냥 넘어갈 뻔했네. 우리 같이 여길 한 번 살펴보자."

같은 것을 계속 틀리거나
실수를 반복한다면

아이가 지난번에 틀렸던 것을 자꾸 '잊고' 같은 실수를 반복하거나 계속 틀린다면 어떻게 해야 할까? 나는 아이들이 진짜로 배우지 않았기 때문에 같은 실수를 반복한다고 생각한다. 그렇다면 정답을 가르쳐줬는데도 배우지 못하는 이유는 무엇일까? 틀렸다는 사실에서 두려움과 수치심을 느낀 나머지 배움에 거부 반응을 일으키기 때문이다. 두려움과 수치심에 휩싸인 아이들은 가르쳐주는 것을 눈으로 보고만 있었을 뿐 실제로는 익히지 못했다. 그리고 그런 부정적인 감정은 틀리는 일이 반복될수록 눈덩이처럼 커져서 실수와 오류로부터 아무런 배움을 얻지 못하게 한다.

그러니 만약 여러분의 자녀가 이러한 두려움과 수치심에 사로잡혀 있다면 제거하는 것이 급선무다. 오류를 축하하는 습관을 들이면 부정적인 감정도 쉽게 몰아낼 수 있다. 그런 의미에서 나는 지우개에 "야호, 또 틀렸다!"라고 써놓았다.

가령 아이가 글짓기 숙제에서 맞춤법을 너무 많이 틀렸다고 가정해보자. 그걸 일일이 지적하고 수정하면 아이의 사기가 떨어진다. 빨간 줄이 좍좍 그어진 원고를 돌려받는 순간 아이 머릿속에 든 생각은 한 가지뿐이다. '아, 이거 못 해 먹겠네.' 그 많은 맞춤법을 모두 새로 배우는 것도 불가능하다. 그러다 보니 기분만 나빠지고 아무것도 배우지 못할 때가 더 많다.

그러므로 먼저 어디에 가중치를 둘 것인가부터 정해야 한다. 초등학교 4학년에게는 맞춤법이 정확한 문장을 보여주는 것보다는 아이가 자주 틀리는 유형을 파악하고 이해시키는 것이 훨씬 중요하다.

예를 들어 그것이 복수형 명사에 's'를 붙이는 규칙이라고 해보자. 아이가 쓴 영어 에세이에서 다른 틀린 부분은 지적을 미루고 일단은 이 규칙에만 가중치를 두고 말하자. "지금 복수형이 틀린 단어 여섯 개가 있어. 네 눈에도 분명 보일 거야. 언제 's'를 붙이고, 언제 'es'를 붙이는지 다시 한번 기억해볼까? 그리고 이번엔 잘못 쓴 단어를 찾아서 단어장에 옮겨 적어보자."

이렇게 하면 초점이 특정 오답 유형에만 맞춰진다. 틀린 단어 40개에 모조리, 그것도 빨간펜으로 하나하나 빗금을 긋는 것보다 학습 면에서 훨씬 효과적이다. 나는 항상 아이를 살피면서 아이가 감당할 수 있는 지적과 수정의 양을 정확하게 계량하려고 노력한다. 이때 중요한 것은 오류와 실수를 다루는 어른들의 태도다(제1장 참조). 그래서 나는 어른들이 실패를 처리하는 절차를 마치 어떤 의식을 치르듯이 아이 앞에서 직접 보여주길 권한다. 예를 들어 복잡한 레시피를 따라서 요리하다가 실패했다면 아이 앞에서 대처하는 방식을 연극처럼 행동으로 보여주는 것이다. "오, 맙소사! 망했어. 정말 열심히 했는데 이해가 안 되네." 일단은 실망감을 비롯한 부정적인 감정이 일어날 수 있다는 점을 보여준다.

그다음으로 실수의 중요도를 판단하고 분류한다. "그래, 사는 게 다 그렇지. 실수는 모두 하는 거야. 오늘 내가 할 차례였나 봐." 세 번째로 원인을 찾는다. "오늘 내가 동시에 너무 많은 일을 하려고 하다가 산만해진 것 같아." 혹은 "레시피를 차근차근 되짚어 보면 분명 내가 빠뜨린 부분을 찾을 수 있을 거야. 앞으로는 요리를 시작하기 전에 레시피를 여러 번 읽어야겠다. 오히려 좋아! 이 실수가 없었다면 배울 수 없었을 테니까."

아이 공부, 공부 정서부터 키워라

우리 아이는
틀리는 법이 없어요

축하한다! 하지만 축하만 할 상황은 아니다. 이 상태가 영원히 유지될 수는 없기 때문이다.

초등학생일 때는 어떤 과제든 완벽하게 해내는 아이들이 곧잘 있다. 그중에는 중학교와 고등학교에 진학해서도 같은 모습을 일관되게 보이며 승승장구를 거듭하는 아이들이 있다. 하지만 대학에서 진짜 도전을 맞닥뜨리면서 위기가 시작된다. 왜냐하면 '무결점'한 사람들은 성공만을 거듭하는 동안에 필연적으로 고정 마인드셋을 강화하기 때문이다.

'나는 똑똑해서 모든 것을 처음부터 잘할 수 있어.' 하지만 대학에서 갑자기 실패와 맞닥뜨리면서 이러한 사고방식이 엄청난 절망을 낳는다. '망했어. 나는 그렇게 똑똑한 사람이 아닌가 봐. 이 과목은 내게

맞지 않아. 나는 할 수 없어. 그만두는 게 좋겠어(제1장 참고).'

이렇게 머리가 비상한 학생들이 돌연 학업을 중단하는 사태가 벌어진다. 결코 그들의 지적 능력이 부족해서가 아니다. 단지 실수와 실패를 적절하게 다루는 법을 배운 적이 없어서다. 안타깝게도 나는 그런 경우를 종종 보았다. 학교와 수업에서 아이의 수준에 따른 적절한 도전 과제를 제시하는 것이 무엇보다 중요한 이유다. 하지만 현실의 학교는 평균 수준을 고집한다. 그래서 어떤 아이에게는 숙제가 부담스럽기만 하다. 하지만 반대로 학업 성취도의 스펙트럼상 반대쪽 끄트머리에 있는 어떤 아이에게는 같은 숙제가 너무 시시하게만 느껴진다.

특히 그런 아이들일수록 최대한 빨리 도전적 과제를 내주어서 새로운 것을 배울 때는 틀리는 게 당연하다는 사실을 깨닫게 해야 한다. '실패는 문제 될 게 없다. 왜냐하면 나는 무엇이든 배울 수 있기 때문이다. 내게 필요한 것은 오직 시간, 연습 그리고 좋은 전략이다.'

아이에게 학교 공부 외에 도전을 경험할 수 있는 기회를 주고 싶다면 악기를 배우게 하는 것도 좋다. 어떤 악기를 배울 것인지는 아이의 선택에 맡겨도 무방하다. 악기를 배우다 보면 자연히 한계에 도달하게 되고 '휴, 예상보다 쉽지 않네'라는 생각을 하게 된다. 실수도 많이 한다. 음을 내고 악보를 읽고 멜로디를 따라가기까지 수십 번 혹은 수백 번은 틀리고 고치는 연습을 해야만 한다.

혹시 아이가 음악에는 영 흥미가 없고 운동을 좋아한다면 열의를 보이는 종목을 정해 훈련해도 같은 효과를 볼 수 있다.

바이올린을 잘 켜고 자전거를 빨리 타는 게 중요한 게 아니다. 그 과정을 통해 인생을 배우는 게 중요하다. 못해도 괜찮다. 실패했더라도 다시 그리고 반복해 하다 보면 결국엔 하게 된다.

완벽주의 성향
다루기

▼

6~7세 아이들은 모든 것을 완벽하게 하려는 경향이 있는데 이는 자연스러운 현상으로 시간이 지나면서 대부분 사라진다. 그래도 아이를 올바른 방향으로 안내하는 것은 중요하다. 여기에 딱 맞는 정답이란 없으며 아이와 상황에 맞춰서 적용해야 한다. 이와 관련해 몇 가지 참고할 만한 지침을 소개하고자 한다.

첫째, 점수를 향한 부모의 태도로부터 아이를 분리해야 한다. 이 말을 들은 부모님들은 "나쁜 성적을 받아왔다고 아이를 혼낸 적은 없어요!"라고 항변하곤 한다. 하지만 좋은 성적을 받아온다면? 분명 기뻐하며 칭찬을 아끼지 않았을 것이다. 그러면 아이들은 칭찬이 없을 때 벌을 받는 것처럼 느끼고, 결국은 점수를 대하는 부모의 태도에 아이의 감정이 연동된다. 그래서 나는 성적, 성과와 무관한 순간이나 아이가 실패한 듯한 상황에서 특별히 애정 표현을 더 하려고 애쓴다.

둘째, 아이에게 부모를 걱정할 필요가 없다는 사실을 인지시킨다. 아이들은 부모에게 걱정을 끼치지 않으려 애쓴다. 특히 부모가 기분이 좋지 않다는 것을 감지하면 좋은 성적으로 기쁘게 해주고 싶어 한다. 이때는 아이에게 다음처럼 알려주는 것이 중요하다. "이건 엄마의 문제지 네 탓이 아니야. 엄마는 어른이고 스스로를 돌볼 수 있어. 그러니 어린아이인 네가 엄마를 챙길 필요는 없어."

셋째, 실패를 싫어하는 아이들에게는 실패와 실수를 바람직하게 다루고 해결한 유명인의 일화를 들려준다. 축구 선수 바스티안 슈바인슈타이거Bastian Schweinsteiger는 2012년 챔피언스리그 결승전 승부차기에서 FC바이에른뮌헨의 마지막 키커였다. 아이와 함께 당시 영상을 보면서 그때 그의 기분을 상상해보는 것이다. 그는 수백만 명이 지켜보는 가운데 엄청난 실수를 저질렀고 결국 팀은 패배했다. 아무리 프로 축구 선수라도 그때만큼은 모든 것을 다 포기하고 싶지 않았을까? 하지만 그는 어떻게 했을까? 감독에게 달려가서 "저는 축구를 못하나 봐요. 당장 그만두겠어요"라고 말했을까? 아니다. 경기 직후 샤워실로 향할 때만 해도 분명 크게 실망하고 낙심한 기분이었겠지만 그는 이튿날 곧장 축구장으로 돌아왔고 다시 훈련을 시작했다. 그로부터 몇 년 후 슈바인슈타이거는 독일 축구 국가대표 중 한 사람으로서 월드컵을 제패했고 독일 축구사에서 가장 중요한 선수로 등극했다.

세상에 이런 이야기는 엄청나게 많다. 꼬마 완벽주의자들이 실패와 실수를 편하게 받아들이는 데 도움이 되길 바란다.

제11장

시험불안을
넘어서는 법

초조함에서
공황발작까지

지금까지 우리는 가정에서 학습 지도를 효과적으로 하는 방법을 알아보았다. 하지만 시험과 이를 향한 불안감은 아이가 성장 과정에서 마주하는 특별한 도전으로 학습 자체와는 다른 문제다. 시험불안을 극복하는 법을 알아보기 위해서는 먼저 시험불안의 의미부터 파악해야 한다. 일상적 표현에는 여러 개념이 혼재하기 때문이다. 내 경험에 따르면 시험불안의 증상은 초조한 기분부터 공황으로 인한 발작까지 층위가 다양하다. 시험을 앞두고 기분이 흥분되는 것은 지극히 정상적인 것으로 심지어 유용하기까지 하다. 흥분으로 인해 신체에는 아드레날린이 분비되고, 혈중 아드레날린 농도가 높아지면 집중력도 상승해 일을 수행하는 데 도움이 된다. 그 덕분에 우리는 편안한 상황에서 보다 더 나은 성과를 올리곤 한다.

그러므로 아이가 시험을 앞두고 불안감을 표현한다면 어른들은 일단 그 기분을 환영하고 즐길 수 있도록 도와줄 필요가 있다. 다음과 같이 설명한다면 아이는 불안을 도우미로 받아들이게 될 것이다. "그렇게 느끼는 게 맞아. 그런 기분은 좋은 거야. 이제 그 두려움을 제대로 활용해보자." 나는 이렇게 덧붙이곤 한다. "불안은 머리에서 시작한다. 용기도 마찬가지야." 혹은 이렇게 말할 때도 있다. "이 흥분된 기분을 반가운 손님처럼 맞이해 봐. 그러면 네가 더 잘 집중하도록, 네 뇌에 피가 더 잘 돌도록, 정답을 더 빨리 찾을 수 있도록 도와줄 거야."

여기에서 관건은 불안에 지배당하지 않는 것이다. 안타깝게도 불안에 압도당하는 아이들이 적지 않다. 시험에 대한 나쁜 경험이 반복되면서 그럴 확률이 높다. 하지만 심리학적 불안에는 다양한 원인이 있으며 때로는 구체적인 경험과는 전혀 무관하게 시험을 향한 과도한 불안감이 나타날 수도 있다. 거미와 관련한 나쁜 경험이 없는데도 극단적인 거미 공포증을 호소하는 사람이 있는 것처럼 말이다.

아이 공부, 공부 정서부터 키워라

공포에 사로잡혀
시험을 못 볼 정도라면

정말 심각한 시험불안에 시달리는 사람은 상황을 제대로 처리할 수 없는 지경에 이른다. 지식이나 지능, 준비가 부족해서가 아니라 두려움 때문에 시험을 망치게 된다.

이런 사람들은 한번 공포에 사로잡히면 눈앞이 깜깜해진다고 말하는데 공부한 모든 것이 머리에서 싹 다 지워지는 기분이라고 표현한다. 경험자들은 시험지만 받으면 몸이 떨리고 손발이 차가워지며 심장 박동이 빨라지고 위장이 불편하고 어지럽고 진땀이 나며 가슴이 죄어드는 느낌이 드는 등 전형적인 불안 증상이 갑자기 찾아온다고 말한다. 이런 상태로는 시험 문제에 제대로 집중할 수가 없다.

이와 같은 상황이 반복되면 그들은 불안의 악순환에 빠지게 된다. '아, 또 슬슬 불안해지는데…'라는 생각과 함께 기분만으로도 불안이라는 두려움에 사로잡히고, 이런 상황이 반복되면 그들은 불안이라는 악순환의 고리에 덜미를 붙잡히게 된다. 일단 한번 불안의 고리에 빠지면 불안은 점점 크게 느껴진다. 불안함에 시험을 치다가 황급히 어디론가 사라지거나 공황발작이 일어나는 사람도 있다.

만약 여러분 자녀가 이처럼 격한 불안 반응을 보일 때는 대수롭지 않게 넘기거나 당면한 상황을 피하기만 할 것이 아니라 반드시 그리고 최대한 빨리 전문가에게 도움을 구해야 한다. 시험과 관련된 부정적이거나 불안했던 경험이 쌓일수록 불안을 느끼는 강도가 더 심해지기 때문이다. 이럴 때는 치료가 빠를수록 좋으므로 아동 심리 전문가를 찾아가길 권한다. 앞서 말했듯이 시험과는 전혀 무관한 심리적 문제가 원인일 수도 있으며 직접적인 원인이 해결되어야 불안도 해소된다.

반면 시험불안이 그리 심각하지 않은 경우를 위한 팁은 다음 두 가지다. 첫째, 교사에게 아이가 시험불안이 있음을 알려주는 것이 중요하다. 교사가 그 사실을 민감하게 받아들인다면 시험 중에 격려하는 눈빛과 말로 아이에게 자신감을 줄 수 있고 때로는 그것만으로도 큰 도움이 되기 때문이다.

둘째, 시험불안을 경험할 때 마음속에서 어떤 일이 일어나는지를 아이에게 이해시키는 것도 중요하다.

아이 공부, 공부 정서부터 키워라

머릿속 눈보라를
가라앉히기

시험불안은 아이들뿐만 아니라 어른들에게도 수수께끼다. 대부분 시험 준비를 잘한 아이들이 겪기 때문이다. 준비를 잘하면 불안이 줄어들 것이라고 예상하지만 대개 그 예상은 빗나간다. 시험지를 받아 첫 번째 문제를 읽는 순간 이미 불안을 느끼거나 곧 불안이 찾아오리라는 예감에 사로잡히고 만다.

특히 첫 문제에서 답이 단번에 나오지 않으면 불안은 시작된다. 아이들의 머릿속에선 이런 소리가 메아리친다. '맙소사, 첫 문제부터 막히다니 나머지 문제를 하나도 못 풀겠어!' '이러다가 꼴찌 하겠네!' '그렇게 열심히 공부했는데 말짱 도루묵이야!' '부모님이 뭐라고 하실까?'

만약 부모가 성적으로 스트레스를 주지 않고 성적과 상관없이 사랑하고 존중한다는 사실을 계속해서 확인시켜준다면 시험에 따른 압박감과 두려움은 상당 부분 줄어들 것이다.

나는 시험불안을 호소하는 아이들에게 머릿속에서 일어나는 일을 스노우볼에 비유하여 설명해준다. 크리스마스 장식으로 주로 쓰이는 스노우볼은 흔들면 유리구슬 안에서 눈발이 휘날리며 쏟아진다. 불안이 들이닥친 우리 뇌는 마치 흔들어놓은 스노우볼과 같다. 인공눈과 반짝이가 정신없이 휘날리면 구슬 속이 선명하게 보이지 않는 것처럼 불안이 뇌를 흔들면 생각을 제대로 할 수가 없다. 눈앞이 캄캄해지고 공부한 게 모두 사라져 버렸다는 확신이 든다.

하지만 실제로는 불안이 시야를 가려서 보이지 않았을 뿐 모든 것은 그대로 있다. 그럴 때 내가 할 수 있는 일은 단 한 가지, 스노우볼을 가만히 내려놓고 반짝이와 눈이 모두 가라앉을 때를 기다리는 것이다. 그러면 곧 구슬 속 세상이 선명하게 드러난다. 머릿속 생각도 이와 마찬가지다.

반면 불안에 동조하여 부화뇌동하는 것은 마치 앞이 보이지 않는다고 계속해서 스노우볼을 흔들어대는 셈이다. 그럴수록 눈발은 더욱 거세지고 안정을 찾는 것 역시 어려워진다. 내게는 스노우볼을 가만히 내려놓는 것처럼 불안한 마음을 다스리는 비결이 있다. 시험불안이 있는 아이가 이 방법을 기억한다면 마음을 다스리는 데 엄청난 도움이 될 것이다.

불안에 맞서는 최고의 비결, 심호흡

우리에게는 호흡을 통해 불안을 조절하고 통제하는 능력이 있다. 이 능력을 쓰려면 먼저 불안한 상황을 정확하게 인식해야 한다. 불안이 존재하는 것은 사실이지만 그것이 실제적 위협은 아니라는 점을 기억하는 것이다.

시험에 대한 불안은 진화 과정에서 인간의 내면에 깊이 각인된 맹수를 향한 공포와는 전혀 성질이 다르다. 맹수에게서 느끼는 공포는 생존을 위해 필요한 것으로 위험 상황에서 적절한 대응을 일으켜 생명을 구하는 역할을 한다. 하지만 시험불안은 그렇지 않다. 그러므로 이 특별한 불안은 통제되어야 마땅하다.

아이가 시험불안에 시달리고 있다면 앞서 설명한 것처럼 아이에게 지금 내면에서 무슨 일이 일어나고 있는지를 설명해주는 것이 도움이 된다. 그리고 시험불안을 친구로 삼을 수도 있다는 사실을 이성적으로 이해시킨다. 이 친구는 조금 시끄럽고 고집이 세서 우리가 어느 정도 제어할 필요가 있다. 이는 호흡을 통해 가능한데 4-7-8 호흡법이 유용하다.

이 호흡법은 4를 세면서 숨을 들이마시고, 숨을 멈춘 상태에서 7을 세고, 8을 세면서 숨을 내뱉는다.

효과가 궁금하다면 지금 당장 확인해봐도 좋다. 서너 번만에 마음이 차분해지는 걸 몸소 느낄 것이다. 아이들에게는 손가락으로 숫자를 세면서 호흡하도록 가르친다. 들이마실 때 손가락을 네 개 접고, 멈출 때 일곱 개를 접고, 뱉을 때 여덟 개를 접는다.

처음에는 숨을 멈췄다가 뱉는 게 쉽지 않으므로 수를 아주 빨리 센다. 처음부터 초침에 맞춰 숫자를 셀 필요는 없다. 중요한 것은 호흡법을 익히는 것이다. 연습하다 보면 금방 1초에 숫자 하나를 셀 수 있게 된다.

이 호흡법은 익혀두면 평생에 유용한 도구로 쓸 수도 있다. 연습은 스트레스가 없는 상황에서 해야 하며, 서너 번만 반복해도 마음이 가라앉는 게 느껴질 것이다. 이 호흡법은 자주 그리고 오래 할수록 효과가 좋다. 호흡과 불안 사이에는 어떤 관계가 있을까? 우리가 초조해하거나 스트레스를 받으면 '스트레스 신경'인 교감신경계가 특히 활성화된다. 그때 숨을 참고 길게 내쉬면 그것만으로도 교감신경계를 진정시키고 대신 부교감신경계를 활성화할 수 있다. 부교감신경계는 '휴식 신경'으로 신체 이완을 촉진하고 불안이 엄습했을 때 날뛰는 마음을 잠재워 다시금 제대로 생각할 수 있도록 한다.

4-7-8 호흡법은 잠이 오지 않을 때도 효과적이다. 그러므로 아이를 재울 때가 호흡법을 연습하기에 제격이다.

만약 아이가 이 기술을 완전히 익힌다면 폭풍우 치는 바다에서 구명선에 탄 것처럼 든든해할 것이다. 호흡으로 마음의 평안을 얻을 수 있기 때문이다. 하지만 시험을 치는 와중에 효과를 보려면 평소 충분한 연습이 필요하다. 최소 12번, 혹은 4~5분가량 4-7-8 호흡을 반복할 수 있는 단계에 이르면 더는 큰 노력 없이도 내면의 평화를 누리게 될 것이다. 자, 마음을 진정시켰다면 이제는 시험을 칠 차례다.

시험을
잘 치기 위한 팁

실전을 치르기 전에는 아이에게 자신이 이해했거나 잘 풀 수 있는 문제부터 풀어나가는 법을 가르치는 것이 좋다. 호흡으로 차분해진 마음으로 시험지를 처음부터 끝까지 한번 훑어보면서 답을 금방 쓸 수 있는 문제부터 골라 푸는 것이다.

일단 종이에 무언가를 적기 시작하면 마음이 좀 편해지는 만큼 여유롭게 다음 문제로 넘어갈 수 있다. 그러면 다음 문제도 쉽게 느껴진다. 처음에는 막막해 보였던 시험지를 어느덧 다 풀어갈 때쯤 아이는 깨닫는다. '이번 시험은 생각만큼 어렵지 않네. 아까는 문제가 정말 어려웠다기보다 두려움이 컸던 거야.' 이런 깨달음은 다음 시험에서 불안을 억제하는 데 도움이 된다.

이러한 기술도 사전에 연습이 되어야 실전에서 쓸 수 있다. 아이들이 학교에서 이런 훈련을 받을 수 있다면 더할 나위 없이 좋겠으나 안타깝게도 반 아이들 모두가 편안한 분위기에서 시험을 볼 수 있도록 지도하는 교사는 드물다. 그 드문 교사 중 하나가 내 동료인 니나 톨러Nina Toller다. 그는 시험을 앞둔 학생들에게 자신감을 심어주는 파워포즈power pose 3종을 가르친다.

힘과 자신감을 심어주는 파워포즈

첫 번째 자세는 다리를 넓게 벌리고 엉덩이와 다리, 몸통의 모든 근육에 힘을 주어 단단하게 만든 다음, 주먹을 허리춤에 갖다 붙이는 것이다. 지금 당장 시도해보자. 이 단순한 자세를 취하는 것만으로도 힘과 자신감, 용기가 생기는 것을 느낄 수 있을 것이다.

두 번째 자세는 마치 날기 직전 슈퍼맨처럼 팔 하나는 주먹을 쥔 채 허리춤에 그대로 두고 다른 팔은 하늘을 향해 길게 뻗는 것이다.

세 번째 자세는 두 팔을 모두 위로 뻗는 것이다. 어떤 경기나 시합에서 우승한 일이 없더라도 '우승자 자세'라고 불리는 이 자세를 취하는 것만으로도 고양된 감정을 느낄 수 있다.

니나 톨러는 시험 전에 반 학생들 모두와 함께 이 파워포즈를 취한다. 각자 자기가 선택한 자세를 취하고 동시에 심호흡을 여러 번 한다. 그리고 큰 소리로 시험에 대한 '확언 문장'을 외친다. 코로 숨을 마시고 입으로 내뱉으며 "나는 내가 할 수 있다는 것을 안다. 나는 내게 어떤 일이 일어날 것인지도 안다. 나는 해낼 것이다!"라고 외친다.

마음속에 피난처 만들기

어떤 교사들은 직업 연수에서 마음챙김의 방법론을 배운 덕에 간단한 호흡법으로 학생들의 시험불안을 제어할 줄 안다. 그들은 시험을 앞둔 학생들을 모두 자리에 편하게 앉히고선 눈을 감고 느긋하게 호흡에 집중하도록 지도한다. 이때 내쉬는 호흡을 편안하게 그리고 가능한 길게 하는 것이 중요하다. 또한 불안을 줄이기 위해 커닝 페이퍼를 허용하는 교사도 있다. 앞서 제2장에서 살펴보았다시피 시험불안에 그만한 특효약은 없다.

아이의 머릿속에 안정감을 줄 수 있는 장소를 설정하는 것도 불안을 해소하는 데 큰 도움이 된다. 단 이 작업은 시험이 있기 한참 전에 마쳐야 한다. 아이가 가장 편안해하는 분위기와 안정감을 주는 상상 속 공간을 만들고, 정기적으로 그 이미지를 떠올리는 연습을 통해 아이의 머릿속에 안전한 피난처를 만드는 방법이다. 밝고 따뜻하고 조용하고 아름답고 안전한 그 장소에는 아이가 필요로 하거나 아이에게 힘을 주는 모든 것이 다 구비되어 있다. 예를 들어 그 장소에는 아이가 배운 내용을 메모한 쪽지를 걸어놓은 큰 나무가 있을 수도 있다. 그러면 편안한 마음으로 나무에 다가가서 쪽지를 하나씩 읽는 것을 상상하는 것만으로도 시험불안에 대비할 수 있다. 이처럼 아이가 시험 직전에 심호흡을 하며 떠올릴 수 있는 유용한 정신적 이미지는 곧 '안전한 피난처'가 되어준다.

결론:
시험불안은 숙명이 아니다

여러분의 아이가 과도한 시험불안으로 고민하고 있다면 이번 장에서 제안한 기술 중 무엇이든 시도해보길 권한다. 어느새 스노우볼 속 눈보라는 가라앉고 평정을 되찾은 아이는 다시금 선명한 시야로 자기 머릿속을 들여다볼 수 있을 것이다. 이 기술을 효과적으로 사용한 다음에는 그 성과에 관해서도 아이와 이야기를 나누자. 성공의 경험만큼이나 이를 말로 설명하는 과정도 중요하다.

일단 아이는 자신이 선택한 기술을 통해 마음이 안정되는 효과를 반복적으로 경험하고 실감하고 성찰한 후에야 그 기술을 신뢰하며 불안한 상황에 적용할 것이다. 그렇게 혼자서 불안을 제어하는 경험을 거듭하다 보면 마침내 시험불안을 성공적으로 극복하게 된다.

결론적으로 말하자면 시험불안은 '평생 안고 가야 할 숙명'이 아니다. 오히려 적절한 기술과 거듭된 연습을 통해 조절할 수 있는 일시적 현상이다. 무엇보다 적당히 조절된 시험불안은 가벼운 흥분이자 건강한 긴장감으로 시험을 잘 볼 수 있게끔 도와주는 좋은 친구라는 점을 잊어서는 안 된다.

제12장

점수와
시험의
부작용

동그란
네모
O

이 책에서 나는 동그란 네모를 그리려고 애쓰는 중이다. 현재의 학교 시스템에서 아이들이 즐겁게 공부하는 동시에 성공적인 학습 결과까지 얻는 길을 찾는 것은 그만큼 어려운 일이다. 만약 학교가 지금과 다른 모습이라면, 그래서 아이 각자의 상황에 맞춰 가르침을 줄 수 있다면, 여기에서 설명된 많은 것이 불필요할 것이라고 확신한다. 가령 학생이 언제, 어떻게 배우고 공부할 것인지 선택 가능하다면 동기 부여의 기술은 필요하지 않을 것이다. 왜냐하면 자기 선택에 따른 책임을 스스로 지고, 결정에 참여하고, 자기를 실현하고, 창의성을 발휘하는 그 자체가 바로 동기이기 때문이다. 아이들은 이렇듯 동기가 주어지는 상황 속에서 배움을 배워나가기를 원한다는 것을 나는 일상의 경험을 통해 확신하게 되었다.

이제 막 학교에 들어간 초등학교 1학년생 중에는 최대한 빨리, 많은 것을 배우고 싶어 안달인 아이들이 많다. 안타깝게도 그들의 호기심과 관심, 지식을 향한 갈증은 학교에 다니면서 서서히 증발한다. 아이들이 원하지 않은 지식을 매일 먹인 결과다. 마치 예의 바르게 물 한 잔을 청한 아이에게 계속 사과주스만 준 격이다. 욕구는 하나도 채워지지 않은 채 갈증만 사라지게 된 상황에서 아이는 더 이상 물도 요구하지 않을 것이다.

요즘 들어 운영 방식에 변화를 시도하는 학교가 보이는 것은 그나마 다행이다. 어떤 학교는 학생들에게 자기주도 학습법을 적극적으로 가르쳐서 학생이 배움의 책임을 스스로에게 지도록 한다. 이를 위해서는 모든 수업과 과목이 자기주도 학습을 기준으로 설계되어야 한다(제4장 참조). 이런 학교에 다니는 학생들이 얼마나 자기주도적으로 공부하는지, 얼마나 의욕적이고 공부에 관심이 많은지, 그러면서도 규칙을 잘 지키는 모습을 목격할 때면 나는 기분이 너무 좋다 못해 황홀할 지경이다. 학생의 자기주도와 자기책임을 보장해주지 않는 학교 현장은 비판받아 마땅하다고 생각한다. 시험이 공부를 지배하는 학교의 현실 또한 문제라고 본다.

시대에 뒤떨어진
시험 문화

우리의 시험 문화는 시대에 한참 뒤떨어져 있다. 그래서 더 이상 유지할 가치가 없는데도 학교는 여전히 시험을 중심으로 돌아간다. 마치 점수에 객관적인 의미가 있는 것처럼, 성적이 아이의 지식수준을 평가하는 신뢰성 있는 잣대인 것처럼, 무엇보다 이를 기준이자 피드백 삼아 아이의 진로나 미래를 정할 수 있는 것처럼 여긴다.

우리는 스포츠나 예술 분야에서 아이들의 성취를 일률적으로 평가하면 곧장 부당함을 느낀다. 아이마다 키가 다르고 몸무게가 다르고, 발달 측면에서도 서로 다른 신체적 조건을 갖고 있다는 점을 고려해 성과를 측정해야 한다고 생각한다. 하지만 학교 체육 수업에서는 이런 조건이 모두 무시된다. 아이의 키와 몸무게, 발달 단계와는 상관없이 얼마나 높이 뛰는지, 얼마나 멀리 공을 던지는지에 따라서만 평가받는다. 정말 말도 안 된다.

미술 수업에서도 마찬가지다. 가령 두 아이가 저마다의 창의성을 발휘해 서로 다른 일몰의 풍경을 그렸다고 치자. 우리 눈에는 둘 다 창의적이고 기발하고 아름다운 멋진 작품이다. 하지만 교사는 교과서에서 요구한 풍경화의 조건을 채우지 못했다는 이유로 한 아이에게 낮은 점수를 준다. 인간의 유전자에는 수천 년에 걸쳐 얻은 고유한 미적 감각이 길들어 있는데 그런 건 평가에 전혀 반영되지 않는다.

여러분이 체육과 미술에서 성적을 매기는 것이 무의미하다는 사실을 이해했다면, 다른 모든 과목에서도 이를 적용할 수 있어야 한다. 해당 과목과 학습 내용을 접하는 아이의 조건과 능력은 천차만별이며 그날의 컨디션도 각자 다르기 때문이다.

하지만 학교에서는 이 모든 차이가 무시된 채 한 반 친구들이 다 같이 시험을 치르고 점수를 받는다. 학교에서는 같은 연령대의 어린이 26명이 한 교실에 앉는다. 그리고 이 교실에 앉은 26명 모두가 같은 방법으로 같은 내용을 배워야만 한다. 26명은 지적 수준이 제각각이고 사전 지식도 제각각이다. 하루를 보내는 방식이 다르고 취향이 다르며 선호하는 학습 방식도 서로 다르다(제2장 참조). 하지만 시험은 이런 것들에 관심이 없다.

26명이 한 교실에 모인 지 몇 주가 지나면 시험 날짜가 정해진다. 화요일 오전 10시라고 예를 들어보자. 10시 정각이 되면 모두가 인위적으로 조성된 시험 환경에서 그간 습득한 지식을 재생산해야만 한다. 같은 문제가 적힌 시험지를 받아 들고 정해진 시간 안에 풀어야 한다. 제한된 시간 내에 교사가 요구한 정확한 답변을 내놓는 아이만이 좋은 성적을 받는다.

나는 이런 식으로 우리 아이들이 미래를 대비할 수 있다고 믿는 사람들이 도무지 이해되지 않는다.

직장 생활처럼 현실에서는 그런 인위적인 실험실 속 상황이 존재하지 않는다. 당연히 짜맞춘 능력이 쓰일 일도 없다. 실제 직장인들과 사회의 지도자, 과학자 등에게 현대 직업 세계에서 성공하는 데 결정적으로 작용한 능력이 무엇인지 물어보면 팀워크, 전문성, 효과적인 커뮤니케이션 능력, 창의력, 문제 해결 능력, 목표지향적 행동, 이해력, 순발력, 좌절 인내력, 회복탄력성 등을 제시한다.

학교 현장을 지배하고 있는 시험 제도는 직업과 삶에 필수적인 능력들을 촉진하기는커녕 오히려 약화시킨다. 예를 들어 학교에서는, 특히 시험에서는 팀워크를 발휘할 필요가 없다. 시험은 혼자 치는 것이다. 중요한 순간에 동료와 협력하면 시험장에서 쫓겨난다. 어려운 문제가 생기면 반드시 동료들과 협력해야 하는 직장의 상황과는 전혀 다르다. 답을 낼 때도 마찬가지다. 외운 것을 그대로 써야 좋은 점수를 받는다. 창의력을 발휘하는 건 금물이다.

어떤 공식이 떠오르지 않을 때도 정보 검색이 허용되지 않는다. 이럴 땐 마치 이 세상에 구글이 존재하지 않는 것 같다. 아주 조금의 힌트만 주면 훌륭하게 해결해낼 수 있는 과제인데도 평상시에는 누구나 사용할 수 있는 검색 엔진 활용을 제한해 나쁜 성적을 준다. 이 모든 것이 모순적이며 일상의 현실과 동떨어져 있음을 통감한다.

잘못된
우선순위

현재 학교 교육에서 내가 가장 안타까워하는 부분은 미술을 제외한 일반 수업에서는 창의성이 전혀 요구되지 않는다는 점이다. 시험에서 학생은 교사가 정한 답이나 풀이 과정에 가까운 답을 쓸수록 높은 점수를 받는다. 그 결과 아이들은 정해진 길은 한 가지며 해결책은 이미 정해져 있으며 그 이외의 것은 중요하지 않다는 배움을 얻게 된다. 시험에서는 배우지 않았거나 미리 정해지지 않은 것에는 점수를 주지 않기 때문이다. 이는 자기 책임, 창의성, 문제 해결 능력, 유연성이 중요하게 여겨지는 현실의 직장 생활과는 너무 동떨어져 있다. 그래서 문제다.

그리고 이런 종류의 시험이 어쩌다 한 번이 아니라서 더 심각하다. '좀 이상하지. 하지만 시험은 학교의 작은 부분일 뿐이야'라고 참고 넘어갈 수가 없다. 현실은 오히려 정반대라서 점수와 시험이 곧 학교다. 수업의 매 순간이 5주 후에 있을 시험에 초점이 맞추어지기 때문이다. 교사들은 최대한 많은 학생이 시험에서 좋은 성적을 받는 것을 목표로 수업을 짠다.

이와는 반대로 아이들이 각자에게 맞는 방식대로 자기주도 학습을 하고 스스로 선택한 프로젝트를 수행하는 것이 더욱 합리적이라고 생각하는 교사가 자기 소견에 따라 수업을 구성하고 아이들을 가르쳤다면, 그 수업을 충실히 따라간 학생들은 현재의 학교 시스템에서 불이익을 받을 수밖에 없다. 이것이 지금 우리의 학교 현실다.

이 모범적인 교사는 아이의 평생에 도움이 될 만한 올바른 것들을 가르쳤지만 그 결과로 비판받는다. 현재 학교 시스템에서 교사를 평가하는 결정적인 잣대는 그가 담당한 반 전체가 이번 시험에서 어떤 점수를 받았는지이기 때문이다.

효과가 의심스러운 시험을 준비하느라 우리가 허비하는 인생과 수업은 또 얼마나 많은지!

이런 시험에서 높은 평가를 받은 능력, 즉 짧은 시간 안에 가능한 한 많은 내용을 머릿속에 집어넣고 정해진 방식대로 다시 써내는 능력은 아이의 미래에 아무런 쓸모가 없다. 이보다 더 바보 같은 짓이 또 있을까? 현실의 삶에서도 이런 능력은 별 가치가 없다. 평생 공부만 하고 시험 준비만 할 사람이 있다면 모를까.

물론 지식을 빨리 습득하고 그것을 정확하게 재생산해내는 것이 결코 나쁜 능력은 아니다. 다만 나는 앞서 거론한 다른 능력들에 비해 쓸모를 발하는 영역의 범위가 상대적으로 좁다고 생각한다. 그런데도 12년 혹은 13년의 의무 교육 기간 동안 학교에서는 졸업 후의 세상에서는 크게 소용이 없는 능력을 가르치는 데만 중점을 두고 있으니 참으로 현실 감각이 떨어지는 노릇 아니겠는가.

하물며 그런 능력에 점수까지 매기고 있으니 정말 어리석다 말하지 않을 수 없다.

아이 공부, 공부 정서부터 키워라

너무 단순한
성적 체계

학습의 과정이 얼마나 복잡다단한지를 고려했을 때 그 반응으로 학교가 제공하는 성적은 극단적으로 단순하다. 독일의 학교는 1부터 6까지, 딱 여섯 개의 숫자로 성적을 표현한다. 이 간단한 숫자가 무엇을 전달할 수 있을까? 그 숫자는 특정 단계에서의 아이의 개별적 학습 과정에 아무것도 말해주지 않으며 그 어떠한 방향도 제시해주지 않는다. 그 숫자는 지극히 형식적이고 피상적이며 단순하다. 별 도움이 되지 않고 지표가 되지도 않으며 설득력도 없다.

처음부터 교사로서 내 목표는 아이 하나하나의 학습 과정에 피드백을 제공하는 것이었다. 아이의 발전을 도모할 수 있는, 즉 아이가 어떤 과목의 어떤 부분은 이미 잘하고, 어떤 지점은 좀 더 개선될 여지가 있고 혹은 개선되어야만 하는지를 알려주는 피드백 말이다. 학생이 학교에서 시간을 보내는 동안 발전하기 위해서는 앞선 정보가 필요하고 유용하다. 학생과 학부모가 학교에 바라는 것 역시 바로 이런 피드백이다.

내 눈에도 표준화된 졸업 자격을 유지하는 것은 괜찮아 보인다. 대학에서 신입생을 고르고 회사에서 신입 사원을 선별할 때 어떤 식으로든 한눈에 볼 수 있도록 요약된 평가는 필요하다. 하지만 그 단순화의 방법이 지금 형태로도 괜찮은가에 관해서는 총체적인 논의가 뒤따라야 한다. 또한 대학 신입생이나 신입 사원을 선별하기 위한 더 합리적인 방법은 없는지도 논의해볼 수 있을 것이다.

논의를 통해 해결될 수 없는 문제도 분명히 있다. 학교생활 전체를 통틀어 성적은 자원이나 기회를 배분하는 데 아무런 기여를 하지 않는다. 8학년(한국의 중학교 2학년에 해당한다.-옮긴이)까지 점수는 비교 도구로서 소용이 없을 뿐만 아니라 오히려 큰 피해만 초래하기 때문이다. 지금부터 이 부분을 다뤄볼 생각이니 함께 고민해보길 바란다.

아이 공부, 공부 정서부터 키워라

만약 공부가
경주가 아닌 여행이라면

우리가 학교에 다니는 긴 시간은 배움의 여행이다. 좀 더 구체적으로 말해 여행이란 대피소를 지나 정상까지 계단을 오르는 장거리 등산과 같다. 다만 등산의 경로와 난이도는 아이들마다 조금씩 다르다. 어떤 아이는 좁고 험한 바위를 타야 하지만, 어떤 아이는 넓고 잘 정비된 계단을 올라도 충분하다. 아이마다 그날의 컨디션과 사전 준비 사항, 장비 착용 등에 맞춰 오르는 구간이 달라지기 때문에 아이들 간 비교는 무의미하다.

내가 생각하는 학교의 가장 중요한 임무는 학생 하나하나의 학습 여정이 안전하고 수월할 수 있도록 최대한 지원하는 것이다. 물론 어떤 구간에서는 한 반 학생 모두가 함께 발맞춰 걸어가 볼 수도 있다. 그럴 때는 모든 아이가 꼭 정해진 시점에 정해진 대피소에 도달할 필요가 없다는 확고한 믿음과 인식을 전제해야 한다.

학교와 교사의 역할은 모든 아이를 발맞춰 걷게 하는 게 아니라 아이가 저마다의 여행을 하는 동안 계속해서 피드백을 주는 것이다. "지금 너는 여기에 있어. 지난 며칠 동안은 이런 걸 해냈어. 지금 네가 공부하는 부분은 전체 내용에서는 이렇게 연결된단다." 이런 피드백이 있을 때 아이는 자기만의 학습 여정에서 좀 더 많은 것을 얻게 될 것이다.

하지만 지금 학교가 중점을 두는 일은 26명의 아이가 동시에 똑같은 길을 걷는 것이다. 이 과정에서 우리는 훨씬 빨리 걸을 수 있는 아이들을 희생시킨다. 속도가 느린 아이도 나름대로 불이익을 받는다. 그들은 아름다운 주변 경관을 구경할 새도 없이 동급생을 따라잡느라 여정 내내 헐레벌떡 뛰어야 한다. 그러다가 간혹 발을 삐어 제대로 걷지 못하는 아이가 생겨도 학교는 멈추지 않고 계속 걷게 만든다.

26명의 작은 여행자 중 몇 명은 항상 다른 아이들보다 빨리 걷는다. 자연히 대피소에 훨씬 일찍 도착할 수 있고 실제로도 그렇다. 그건 단지 그들의 발이 빠르기 때문이다. 하지만 그런 아이들마저도 제 속도만큼 빨리 가지는 못한다. 때로는 억지로 자기 걸음을 늦춰야 하고 아예 멈춰야 할 때도 있다. 학교의 시험 시스템은 평균보다 높은 속도를 요구하지도 않고 빠르다고 해서 보상이 있는 것도 아니기 때문이다.

결국 발 빠른 여행자들에게 걷는 즐거움과 흥미를 서서히 잃게 만드는 최악의 공부법이 된다. 물론 학교가 의도한 바는 아닐지 몰라도 이런 변명으로 피해를 합리화할 수는 없다. 평균 이하의 학생도 평균의 이상 학생도 결국엔 이 시스템으로 피해를 본다(여기에서 '평균'의 가치 판단은 유보하기로 하자). 먼저 평균 이상의 우수한 학생들이 어떤 피해를 입는지 살펴보자.

성적이 우등생을
망치는 방법

지금의 성적 및 시험 시스템은 학교에서 '매우 우수한' 성적을 받는 학생들에게 오히려 손해를 끼친다. 누군가는 배부른 투정이라고 할 수도 있지만 그렇지만은 않다.

성적을 6등급으로 나누는 독일 초등학교에서 1등급을 받는 학생은 소수다. 현재의 시험 시스템은 이 소수의 우수한 학생들에게 심각한 손해를 입히고 있을 뿐만 아니라 아이들의 인생 전체를 망가뜨릴 수도 있다.

가령 어떤 아이가 모든 과목에서 1등급을 받으면 교사, 부모, 동급생 등 주변 모두가 감탄한다. 하지만 그들은 아이가 자신의 능력에 비해 쉬운 공부를 하고 있다는 사실은 간과한다. 아이는 공부하는 동안 '안전지대'를 벗어날 필요도 없었고 학습 내용을 열심히 습득할 필

아이 공부, 공부 정서부터 키워라

요도 없었지만 계속 모든 것을 '매우 잘하고' 있다는 피드백만 받는다. 하지만 실제로는 자기 가능성을 훨씬 밑도는 과제들이었으므로 아이가 정말 잘한 것은 아무것도 없다. 오히려 그 아이의 학습 방식은 '매우 나쁨'에 가깝다. 결국 이러한 학습 방식은 큰 문제로 이어질 수밖에 없다. 새로운 분야에서 지식을 얻기 위해 진짜 노력해야 할 때가 되면 그제야 아이는 그런 경험이나 연습을 해본 적이 없다는 사실을 깨닫는다(제1장 및 제10장 참고).

따라서 쉬운 시험으로 높은 점수를 받는 것보다는 낮은 점수를 받더라도 어려운 시험을 보는 것이 더 중요하고 의미 있다. 그 과정에서 아이는 '안전지대'를 벗어나 진짜 공부를 한다. 그 과정에서 한두 번은 실패할 수도 있을 것이다. 하지만 동시에 진짜 공부가 무엇인지를 깨닫고 경험하게 될 것이다. 그러나 안타깝게도 현재의 학교 시스템은 아이들에게 이러한 기회를 제공하지 않는다.

초등학교 저학년 몇 년 동안에 이 아이들에게는 성공이 저절로 찾아온다. 그 결과 '수업에 집중하고 저녁에 한 번 더 읽기만 하면 시험에서 최고 점수를 받을 수 있다'는 착각에 빠지도록 한다. 하지만 이 환상은 시간이 지나면서 비눗방울처럼 터지고 만다. 고학년이 되면 혹은 중학교와 고등학교 또는 대학에 가면 공부해야 할 양이 너무 많고 내용도 복잡해져서 단순한 학습 방법이 더는 통하지 않기 때문이다. 그렇게 왕년의 우등생들은 높은 산을 어떻게 오르는지 배운 적이 없는 채로 방대한 학습량과 맞닥뜨리게 된다. 꾸준히 그리고 계속 쉬운 시험에서 좋은 점수를 받아왔던 아이들은 인생에서 꼭 필요한 덕목을 제대로 배우지 못한 것이다.

그 결과 점점 자기 자신과 주변 환경 그리고 학업과 직업을 의심하기 시작한다. 그리고 필연적으로 이렇게 생각한다. '나는 내 생각만큼 똑똑하지 않은가 봐. 1등급을 받을 때 사람들이 내게 말했던 것만큼 나는 대단하지 않은 거야. 나는 아무것도 아니었어. 이것도 못하고 저것도 못하는 걸 보니 그때 선생님이 실수로 성적을 잘못 매기신 거야.' 이러한 신념(제1장의 고정 마인드셋 참조)에 사로잡힌 아이들은 구체적인 도전을 맞닥뜨리면 피할 구석부터 찾는다.

하지만 그 중요한 시기에 그들이 해야 할 일은 묵묵히 앉아서 복잡한 내용을 파고드는 것이다. 이해될 때까지 같은 내용을 반복해서 읽고 쓰고, 완벽하게 숙지할 때까지 계속 반복해 익혀야 한다. 완벽하게 외웠다고 생각한 것일지라도 문제풀이 등 실전에 적용하는 과정에서는 실수하기 마련이다. 그럴 때는 다시 읽고 쓰고 외우기로 돌아간다. 그러다 보면 결국은 완벽하게 터득하는 단계에 이르게 된다. 공부하는 방법은 이렇게 단순하지만 어린시절 우등생이라고 불렸던 아이들에게는 결코 익숙하지 않다.

결국 노력하지 않아도 좋은 성적을 받는 상황은 아이의 인생에 아무런 도움이 되지 않는다.

느린 아이의 학습 동기를
망치는 방법

아이가 배우는 속도는 저마다 다르다. 어떤 아이는 여느 아이에 비해 배움의 속도가 확연히 느리다. 이런 아이들은 시험 치는 시점에 맞춰 학습 내용을 완전히 소화하지 못하므로 일반적인 학교 시스템이나 점수 체계에서는 나쁜 성적을 받을 수밖에 없다. 나쁜 성적을 받는 것은 이런 조건 때문이다. 그런데 '나쁜 성적'이란 말에서는 꼭 아이들이 나쁘다는 뉘앙스가 풍긴다. 하지만 아이들은 나빴던 적이 없다. 그저 느릴 뿐이다.

시험은 끝났어도 시험 범위의 내용을 끈질기게 공부한다면 나중에라도 아이들은 자신의 능력을 충분히 증명할 수 있다. 시험이 끝나도 시험 범위의 내용을 끈질기게 공부한다면 가능한 일이다. 하지만 현실에선 성적이 나오면 시험 범위에 관한 공부는 끝나고 다음 진도로 넘어가기 바쁘다. 아직 대피소를 통과하지 못한 동료가 있는데도 등산팀은 다시 이동을 시작한다.

분수를 예로 들어보자. 어떤 아이가 분수 단원 평가에서 6등급 중 5등급을 받았다고 치자. 5등급을 받은 즉시 아이는 '나는 분수에 관해 잘 모르는 게 분명해! 시험을 통해 증명되었어!'라고 확신한다. 그리고 이후 분수를 맞닥뜨릴 때마다 이 생각을 곱씹는다. 아이가 학교를 다니는 동안 수백 번은 족히 분수를 마주치게 될 테지만 그때마다 5등급의 거짓말에 현혹되고 만다.

막상 아이의 시험지를 자세히 살펴보면 우리는 그 아이가 시험을 보던 당시에 이미 간단한 분수 계산은 잘하고 확장과 약분도 무리 없이 이해하고 있음을 알 수 있다. 단지 덧셈과 곱셈에서 실수가 있었을 뿐이다. 하지만 성적은 그렇게 상세한 피드백은 이야기해주지 않고 진실을 누락한다. 무엇보다 2주라는 시간만 더 있었어도 아이는 분수를 완벽하게 다루게 되었을 것이라는 사실을 말해주지 않는다.

물론 개중에는 "너도 할 수 있어! 조금 더 열심히 따라잡으면 돼!"라고 말해주는 다정한 선생님도 있다. 그 마음은 고맙지만 아이의 귀엔 성적표에 적힌 숫자가 선생님의 목소리보다 더 크게 들리는 게 문제다. "나는 못해. 나는 ○○에는 젬병이야."

점수는
의욕을 마비시킨다

뛰어난 아이든 느리게 배우는 아이든 간에 성적에 초점이 맞춰지는 순간부터 아이들이 타고난 각자의 고유한 동기는 점점 쪼그라든다.

비외른 뇔테Björn Nölte 는 《성적 없는 학교Ein Schule ohne Noten》에서 돌고래의 놀라운 이야기를 들려준다. 야생 환경에서 돌고래는 수면 위로 높이 뛰어오른다. 그저 즐거워서인지 아니면 어떤 생물학적 이유가 있어서인지는 사람이 알 수 없는 일이다. 어쨌든 돌고래에게 점프는 지극히 정상적이고 자연스러운 습성이다.

그런 돌고래를 사람들은 놀이공원에 몰아넣고 억지로 쇼를 시킨다. 돌고래는 수면 위로 올라올 때마다 보상으로 생선 먹이를 받는다. 이런 과정을 몇 주만 반복해도 돌고래의 자연스러운 행위이던 점프는 쇼를 위한 안무로 대체되고 돌고래는 생선이 주어질 때만 뛰어오른다. 학교에서 아이들에게 점수를 매길 때 나타나는 현상도 이와 별반 다르지 않다.

학교에 입학하기 전부터 이야기를 듣는 것이나 몇 시간이고 혼자 앉아서 만들기 하는 걸 좋아한 아이가 있다고 가정해보자. 학교를 다니며 아이들은 누군가의 이야기를 경청하거나 무언가를 만들어내는 일에 점수가 매겨진다는 사실을 배우게 된다. 하지만 시간이 지나면서 아이들은 성적과 무관할수록 타인의 이야기를 듣거나 손수 무언가를 만드는 일을 하지 않는다. 심지어 선생님이 공들여서 아이에게 딱 맞는 과제를 내줄 때조차 아이들이 먼저 '이걸 하면 점수를 받나요?'라고 질문부터 한다. 아니라고 하면 아무리 재미있어 보이는 일에도 의욕을 내지 않는다. 이 얼마나 안타까운 일인가. 이런 결과를 바라고 성적 평가 체계를 기준으로 성적을 매겼을 사람은 아무도 없지만, 이는 성적 평가가 의도하지 않은 피할 수 없는 부작용 중에 하나다.

아이 공부, 공부 정서부터 키워라

성적 체계에
대안이 필요하다

그렇다면 학생의 학습 상태를 진단하는 데 현재 시스템과 체계를 대체할 대안이 있을까? 일단 나는 **시험 치는 시기를 학생이 결정하는 방법**을 제안하고 싶다.

나는 보통의 재능 있는 학생이라면, 실업계 고등학교에 다니든 인문계 고등학교에 다니든 상관없이 대학 입시를 치르는 데 필요한 내용 정도는 소화할 수 있다고 생각한다(단 특별히 학습 능력이 약한 경우는 예외로 한다). 한 가지 조건, 즉 필요에 따라 충분한 시간만 허락해주면 된다.

나는 배운 내용을 제대로 이해했는지 점검하기 위해서는 반드시 시험이 필요하다고 생각한다. 그러므로 아이가 내용을 다 안다고 확신할 때 시험을 치르자는 것이 내 제안의 취지다. 이를 통해 우리는 배움의 과정을 철저하게 가로막는 장애물인 시험불안과 공부에 대한 나쁜 경험을 예방할 수 있게 된다.

두 번째는 **재시험을 허용하는 것**이다.

초등학교 3학년 사회 과목 평가에서 4등급을 받은 아이를 예로 들어보자. 이 좋지도 나쁘지도 않은 성적에 우리가 연연해야 할 이유가 있을까? 대신 아이가 좀 더 깊이 공부할 수 있도록 시간을 주고 다시 한번 능력을 증명할 기회를 주는 것은 어떨까? 이 과정에서 손해볼 사람은 아무도 없다.

물론 재시험이 행정적으로 번거로운 일을 만든다는 것은 알지만 그렇다고 그리 어려운 문제도 아니다. 많은 노력을 들이지 않고서도 재시험을 제도화한 학교들의 사례가 있다. 이런 학교에서는 다양한 학생이 다양한 시험을 볼 수 있도록 감독관을 배치하고 교실을 항상 열어두고 있다. 시험 준비가 다 되었다고 생각되는 날 아이는 그 교실로 향한다. 그리고 감독관의 지도하에 시험을 치른다. 이를 위해 학교 시스템 전체를 뒤바꿀 필요는 없다. 재시험 기회를 제공하고 시험 날짜를 자유자재로 선택할 수 있게끔 하는 일은 기존 제도 아래에서도 충분히 가능하다.

그럼 부모인 우리가 해야 할 일은 무엇일까. 고정 관념, 즉 '공부를 못하니까 점수가 나쁘지' 같은 편견에서 벗어나면 된다. 그리고 아이가 재시험을 보거나 시험 날짜를 스스로 선택하더라도 '학교가 아이들의 기량을 최고로 끌어내 준다'라는 확신을 강하게 가져야 한다.

특히 배움의 속도가 빠른 1등급 학생들은 이 방식에 크게 만족할

아이 공부, 공부 정서부터 키워라

것이다. 다른 아이가 3~4주에 걸쳐 배울 내용을 2주 만에 익힌 아이는 시간을 허비하지 않고 곧장 시험을 칠 수 있다. 자신의 실력을 과대평가한 나머지 생각보다 낮은 점수를 받으면 다른 친구와 함께 다시 시험을 볼 수도 있다. 이런 과정이 잘못되었다고 반대할 사람이 과연 누가 있겠는가?

세 번째는 **점수 대신 합격과 불합격만 구분하자**는 것이다.

이렇게 제안하는 이유는 교과 내용을 습득할 때 완벽함을 바라는 것이 중요하지 않다고 생각하기 때문이다. 그보다는 인간의 창의성과 생각의 다양성이 고려되어야 한다. 아이가 시험 범위에 해당하는 내용을 잘 이해하고 적용할 수 있다면 그걸로 충분하다. 정해진 공식을 넘어선 자신만의 독특한 접근 방식은 칭찬하되 사소한 실수는 무시해도 좋다.

'불합격'은 그저 '**아직** 합격하지 못했다'라는 뜻이다. 5등급 혹은 6등급이라는 평가는 아이를 낙심하게 만들지만 '불합격'의 메시지는 아이를 응원한다. 그러니 다음처럼 이야기해보자. "합격할 때까지 조금만 더 해보자!"

네 번째는 **지필 시험의 대안을 찾자**는 것이다.

포트폴리오 만들기, 조별 과제, 발표 등 저마다 학습 성과를 증명할 다른 방법은 다양하다. 평가의 핵심은 무엇을 배웠고, 무엇을 배워야 하는지를 확인하는 것이다. 정해진 질문에 정해진 답변을 써내는 시험은 학생들이 장차 현실 세계에서 직면할 문제를 해결하는 데 큰 도움이 되지 않는다.

태도가
중요하다

초등학교에서 성적 제도를 폐지하려는 일부 사람들의 노력은 꾸준히 계속되었고 그 결과 독일의 일부 학교에서는 적어도 1학년부터 4학년까지는 성적이 폐지되었다. 하지만 전반적인 변화의 속도는 매우 느리다. 우리 개개인이 시험 제도를 바꿀 수는 없다. 하지만 성적에 관한 우리의 태도는 바꿀 수 있다. 무언가를 희생할 필요는 없다. 그저 관점을 바꾸고 저항을 극복하고 꾸준히 실천하면 된다. 태도의 변화는 오늘부터 당장 시작할 수도 있다.

우리가 성적을 가지고 아이에게 말하는 방식에서부터 변화를 시작해보자. 아이 눈높이에 맞추되 분명한 메시지를 전달하는 것이 중요하다. 다음의 예를 살펴보자. "작년 여름에 두발자전거 배웠던 거 기억나니? 네 친구는 봄부터 두발자전거를 타기 시작했잖아. 하지만 가을에 둘이 같이 타보니까 어땠어? 친구가 더 잘 타는 것 같았어? 아니지? 두 사람 모두 잘 탔지? 엄마가 보니까 둘 다 번개처럼 빨리 달리더라. 그런데 우리가 두발자전거로 시험을, 그것도 5월에 쳐야 했다고 생각해 봐. 친구는 1등을 하고 너는 꼴찌를 했을 거야. 말도 안 되게 웃기지? 시험은 그런 거야."

현직 교사 중에 나와 같은 견해를 가진 분들이 많다. 많은 교사가 시험을 채점하고 점수를 매기는 업무를 무척 힘들어한다. 이제껏 열심히 공부한 아이에게 나쁜 점수를 주는 건 직업 교사들에게도 힘든 일이다. 또한 그들은 그 점수가 아이의 학습 의욕을 한순간에 꺾어버린다는 사실을 누구보다 잘 안다. 그들은 배움의 길을 훌륭하게 걸어가던 아이가 성급히 찾아온 시험에서 나쁜 점수를 받고부터 발전을 멈추는 현장을 눈앞에서 목격하는 산증인이다.

시험과 성적 제도를 한 번에 바꿀 수 없다면 성적에 관한 우리의 태도를 바꾸는 것이 더욱 중요하다(구체적인 내용은 제3장을 참고하자). 일단은 나쁜 성적으로 아이를 야단치지 말고 좋은 성적에도 크게 칭찬하지 말자. 아이가 좋은 점수를 받고 기뻐할 때는 "멋지다. 잘했어!"라고 진심으로 말하면서 하이파이브를 하는 것만으로도 칭찬은 충분하다.

나라면 점수 자체에 환호하기보다는 내용에 질문할 것이다. "어떤 답을 쓴 게 가장 자랑스러워? 어떤 과제가 제일 어려웠니? 이 시험에서 무엇을 얻었니? 이제 무엇을 더 배우고 싶어?"

그리고 나쁜 점수를 받아왔을 때는 이렇게 말한다. "여길 봐봐.

벌써 이런 걸 할 수 있구나!" 이 책을 쭉 읽은 여러분이라면 나쁜 점수를 받은 시험에서도 잘한 것 몇 가지는 분명 찾을 수 있다는 사실을 이미 알고 있다. 칭찬거리를 찾은 다음에는 이번에도 곧장 내용에 관한 질문으로 넘어간다. "이 시험에서 무엇을 더 배웠니? 이제 어디에서부터 무엇을 더 하고 싶어?"

이런 태도로 부모가 공부하는 아이 곁을 지키면 시험의 부정적인 충격으로부터 아이들을 보호할 수 있다.

결론:
성적을 폐지해야 하는 이유

학부모 총회 등에서 성적 체계의 불합리성을 주장하고자 하는 부모들을 위해 성적이 폐지되어야 하는 일곱 가지 이유를 정리해보았다.

1. 성적은 불공평하다

성적은 학습의 출발 조건을 고려하지 않는다. 그날의 컨디션, 사회적 및 경제적 배경, 언어적 지식, 부모의 교육 수준, 가정에서 받는 지원, 잠재적 트라우마, 정신적 성숙도 등 다양한 개별 요인을 전혀 반영하지 않은 채 취합되는 결과다. 하지만 이런 조건들은 한 사람의 자아상을 구성하는 데 중요한 요소로 작용하므로 각자의 성과 계산에도 반영되어야 마땅하다.

2. 성적은 잘못 비교된 결과를 가져온다

내 생각에 8학년까지(한국의 중학교 2학년)는 내 아이를 다른 아이와 비교하며 얼마나 잘하는지 따지는 것이 중요하지 않다. 이때는 내 아이의 학습 수준이 몇 주 혹은 몇 달 전 상태와 비교했을 때 얼마나 나아졌는지를 확인하는 것이 더욱 중요하다.

아이를 임의로 선택된 비교 집단, 즉 학급과 지속적으로 비교하는 것은 무의미하다. 아이가 다른 학급으로 가면 매우 우수하거나 반대로 매우 뒤처질 수도 있기 때문이다.

비교는 언제나 해롭다. 비교의 결과는 언제나 어떤 집단과 비교하느냐에 따라 달라진다. 성적은 마치 사람들의 능력을 직접 비교할 수 있는 것처럼 보이게 만들지만 실제로 그런 비교는 공정하지도 정확하지도 않다.

나는 우리 교육 제도가 좀 더 개방되길 바란다. 그래서 모든 아이가 최고의 성과를 낼 수 있는 동등한 기회를 얻기를 소망한다.

3. 좋은 성적은 아이를 경솔하게 만든다

항상 1등급을 받는 아이는 종종 자기가 다른 아이들에 비해 똑똑하다고 생각한다. 하지만 교실이라는 제한된 환경에서만 유효한 결과이므로 언젠가는 이들도 무언가가 잘 풀리지 않는 시점이 반드시 찾아온다. 그럴 때 이런 아이들은 쉽게 포기한다. 실패를 더 큰 노력으로 이겨내는 법을 배운 적이 없기 때문이다. 다시 한번 말하지만 아이가 계속 좋은 성적을 받아온다면 그건 배우는 내용의 수준이 아이의 것보다 낮으며, 아이가 학교에서 시간을 허비하고 있다는 뜻이라는 점을 명심하자.

4. 나쁜 성적은 의욕을 꺾는다

1968년 독일 주 교육부장관 연합회의에서는 성적 체계의 최하 등급인 6등급을 다음과 같이 정의했다. "6등급은 성과가 요구에 부합하지 않고 기본 지식조차 너무 부족하여 단기간 내에 결손을 해결할 수 없는 경우에 부여한다." 이 말을 어떻게 받아들여야 할까?

그들이 말한 '단기간'은 과연 얼마를 뜻할까? 며칠일까 몇 주일까 아니면 몇 달일까? 나는 아이들을 가르치는 동안 처음에는 6등급을 받았지만 과외 몇 번만에 같은 시험에서 1등급 점수를 내는 사례를 수도 없이 많이 봤다.

그러므로 나는 시험 점수를 근거로 어떤 아이에게 '단기간 내에 결손을 해결할 수 없다'는 판단을 내리는 건 말이 안 된다고 생각한다.

때로는 나쁜 성적을 전략으로 활용하고자 하는 교사도 있다. 그러나 '이 아이에게 일단 나쁜 점수를 주면 노력하려는 의욕이 좀 더 강해질 거야'라는 생각은 매우 위험하다. 나는 이 전략이 먹히는 아이를 한 번도 보지 못했다. 나쁜 점수는 아이를 낙심하게 만든다. 나쁜 점수에서 의욕을 얻을 아이는 없다.

5. 아이들은 성적을 원하지 않는다

아이들이 진정으로 원하고 필요로 하는 것은 인정과 반응, 가치 평가와 통제다. 그들에게는 저마다 다른 피드백이 필요하다. 내가 이미 할 수 있는 건 무엇이지? 내가 아직 못하는 건 무엇이지? 다음에 배워야 할 단계는 무엇이지? 그들에게 필요하고 중요하고 도움이 되는 건 점수가 아니라 개개인에 따른 구분과 적절한 피드백이다. 우리 아이들은 이미 성적과 비교로 점철된 환경에서 자라고 있다. 그래서 마치 아이들도 성적을 원하는 것처럼 보인다. 하지만 다른 나라, 다른 교육 제도를 경험해보면 그것이 사회화의 산물임을 깨닫게 된다. 성적이 없는 학교의 아이들은 그보다 느긋하고 즐겁게 배운다.

6. 아이들을 성적을 위해 공부하게 만든다

모든 아이는 배우려는 동기가 본능에 탑재된 열정적인 학습자로 이 세상에 태어나고 학교에 간다. 그들은 모든 새로운 것에 흥분하고 당장 시도해보고 싶어 한다. 초등학교 입학 전까지 아이들은 걷고, 먹고, 말하고, 자전거를 타고, 주변 환경에 맞춰 행동하는 등 수많은 것을 이런 식으로 배웠다. 매일매일 아이들이 수천 가지 자잘한 것들을 눈에 띄지 않게 습득했다. 이미 학교에서 수업을 받기 전부터 엄청난 양의 '학습 내용'을 소화해낸 것이다. 그러나 이 자연스러운 배움의 즐거움은 학교에서 파괴된다. 이런 불상사가 일어난 이유에는 여러 가지가 있지만 그중 분명한 것은 성적과 시험 제도.

　아이 공부, 공부 정서부터 키워라

7. 성적은 일시적 상황만을 포착한다

시험 성적은 그저 한 아이가 특정 시점과 특정 공간에서 특정한 질문에 관한 답을 학습한 내용을 토대로 도출하는 데 얼마나 능숙한지를 알려주는 증표에 불과하다. 시험이 사흘 후였더라면 더 좋은 점수를 냈을지, 시험 전날 저녁에 부모님이 큰 소리로 다투지 않았더라면 또는 오해의 소지가 있는 문제가 다르게 출제되었더라면 등 아이를 둘러싼 상황에 관해 성적은 아무것도 말해주지 않는다. 아이의 성과를 이해하는 데 중요한 이런 흥미로운 사항에 성적은 그 어떤 답도 제공해주지 못한다.

제13장

함께할 때
가능한 일

말의
힘

이 책의 부제는 '아이의 숨겨진 가능성을 일깨워 주는 멘털 관리법과 공부 처방전'이다. 여기에서 종종 간과되는 부분이 있으니 바로 이 모든 과정에서는 다양한 어른들의 협력이 필요하다는 점이다. 부모와 학교 교사는 물론이고 조부모, 친척, 이웃, 과외 교사 등 한마디로 말해 한 아이의 학습 과정에 영향을 끼치는 모든 어른이 힘을 모아야 한다. 그들 중 누군가를 두고 훗날 아이가 "그때 ○○가 안 계셨다면 나는 해내지 못했을 거야. □□가 없었다면 지금의 내가 되지 않았을 거야"라고 말하게 될 수도 있다.

우리 어른들은 자라나는 아이와 아이의 학습 과정에 영향을 미치는 힘 그리고 그에 따른 큰 책임이 우리에게 있다는 것을 언제나 그리고 반드시 명심해야 한다. 하지만 안타깝게도 어른들이 무심코 내뱉은 말은 아이에게 정신적 부담을 지우고, 때로는 그 상황이 일회성으로 끝나는 게 아니라 몇 년씩 지속되곤 한다. 다른 한편으로 동기 부여가 되어주는 말은 날개가 되어 평생 힘이 되고, 진로를 정할 때 지침이 되며, 인생의 결정적 순간에 영향을 미친다. 이와 관련해 내 개인적 경험을 예로 들고 싶다. 나는 열다섯 살에 예수회에서 운영하는 기숙학교에 입학했다. 이전까지 라틴어를 배워본 적 없던 나는 라틴어 과목에서 다른 급우들에게 4년이나 뒤처져 있었다. 장학금으로 입학한 처지여서 라틴어 과외를 받을 여유도 없었다. 하지만 교장 선생님은 이렇게 말씀하셨다. "우리 같이 해결해보자. 다른 과목에서는 성적이 매우 뛰어나니 네가 저학년 학생들에게 과외를 해주면 어떻겠니? 대신 우리가 라틴어 교사로부터 라틴어 보충 수업을 받을 수 있도록 조정해줄게." 그렇게 나는 하루아침에 계획에도 없던 과외 선생이 되었다.

처음에는 무엇을 해야 할지 전혀 가늠하지 못했다. 내 첫 번째 학생이었던 엘리자베스에게는 지금도 미안한 마음이 든다. 그때 나는 그저 아이 옆에 앉아서 5학년 수학 교과서를 뚫어져라 쳐다보고만 있었다. 우리 둘 다 어떻게 해야 할지 몰랐기 때문이다. 하지만 조금씩 나아졌고 나는 그 아이가 알아들을 수 있도록 내용을 설명하는 법을 익혔다. 그 결과 수학에서 5등급이었던 엘리자베스는 다음 시험에서 2등급을 받았다.

그 결과 나는 유명해졌고 과외 요청이 끊이질 않았다. 나 또한 겨우 열다섯 살짜리 학생으로 또래가 겪는 모든 어려움을 겪고 있었기에 오히려 더욱 효율적으로 과외를 할 수 있었다. 나는 대부분 아이에게 연습 시간이 부족하다는 사실과 여러 명이 모여서 배운 것을 함께 연습하는 것이 성적 향상에 도움이 된다는 사실을 깨달았다. 그렇게 내 첫 번째 과외 교습소가 탄생했다.

나는 곧장 다른 '선생님들'을 배치했다. 불과 1년 후에는 5학년에서 8학년 학생 모두가 우리에게서 이른바 '학습 지원'을 받게 되었고, 이는 학교 측으로부터 공식 과외 서비스로 인정까지 받았다. 내게 교습소는 머리에 떠오르는 모든 것을 시도해볼 수 있는 근사한 실험실이었다. 우리는 모차르트 음악을 배경으로 깔고 공부했고, 움직이거나 집중력 게임을 하면서 수학 숙제를 풀었고, 무엇보다 배운 것을 연습하고 연습하고 또 연습했다. 지금 와서 돌이켜 생각해보면 기숙사 관리자와 교장 선생님이 이 모든 것을 허락했다는 것이 믿기지 않는다. 두 분 모두 내게 큰 신뢰를 보여주셨다.

고등학교를 졸업할 때까지 과외는 계속됐다. 학교에서 나는 '학습 도우미 카롤린'으로 유명했지만 별다른 생각은 없었다. 그 특권적인 환경에서 나는 돈을 많이 버는 멋진 미래를 꿈꿨고 맥킨지McKinsey에 들어가서 경영 컨설턴트로 일하겠다고 마음먹었다. 지금 와서 생각해보면 어떻게 성격에도 안 맞는 직업을 장래희망으로 꿈꿨는지 웃음만 나올 뿐이다.

대학 입시를 치르기 직전, 학교 복도에서 우연히 마주친 교장 선생님이 나를 붙들고 말씀하셨다. "자네가 아이들을 가르치는 일을 하지 않는다면 그것만큼 큰 손해도 없을 거야." 나는 예의 바르게 고개를 끄덕였지만 기분이 조금 상한 채로 그 자리를 떴다. 그리고 내 안에서 더 큰 잠재력을 발견해주지 못한 교장 선생님의 태도가 실망이라며 친구들에게 불평했던 기억이 난다. 나는 딱 열여덟 살다운 방식으로 잔뜩 화가 났다.

고등학교를 졸업하고 뮌헨에서 철학을 전공하며 다시 과외로 학비를 벌었다. 그러면서도 이는 단지 호구지책이자 취미일 뿐 내 인생의 평생 직업이자 소명일 리는 없다고 생각했다. 나는 분명 더 큰 사람이 될 운명이라고 여겼다.

하지만 몇 년 후 나는 개인적으로 심각한 위기를 겪으면서 만사를 의심하게 되었고 경미한 우울증까지 앓게 되었다. 그때 두 가지 경험에서 새로운 것을 깨달았다. 첫 번째 경험은 기분이 크게 상한 채로 큰언니 집에 놀러갔다가 언니가 조카의 영어 시험 준비를 부탁한 일에서 겪게 되었다. 내겐 조카를 봐줄 에너지가 없었지만 언니와 조카를 위해 어쩔 수 없이 도와주어야 했다. 그런데 두 시간 동안 아이를 가르치고 나니 몇 주 동안 줄곧 나빴던 기분이 갑자기 좋아지는 게 느껴졌다. 그때 나는 내가 가르치는 일이 적성에 잘 맞는 정도를 넘어 내 영혼을 위해 꼭 필요하다는 것을 깨닫게 되었다.

두 번째 경험은 젊은이들이 삶의 의미를 찾고자 으레 떠나는 것처럼 나 또한 인생에서 무엇을 하고 싶은지 고민하기 위해 떠난 인도 여행에서 찾아왔다.

도무지 끝나지 않는 버스 여행에 무심코 창밖을 내다보고 있었는데 문득 고등학교 교장 선생님이 내게 해주셨던 말씀이 떠올랐다. 그 순간 나는 그 말이 온전히 이해되었고, 교장 선생님이 나를 제대로 알아보셨다는 것을 깨달았다.

그분은 전교생을 데리고 과외 교습소를 차린 열다섯 살짜리에게 분명 특별한 재능이 있다는 것을 알아보신 것이다.

뒤늦게 찾아온 깨달음이 환한 빛을 비추자 그간 외면해왔던 길에 마음이 열렸다. 나는 집으로 돌아와 편한 마음으로 수업을 시작했다. 대학 입시 수학 준비반 캠프를 열고 다양한 환경의 아이들을 가르쳤다. 몇 년 후에는 '티치퍼스트도이칠란트Teach First Deutschland(교육 기회의 격차를 해소하기 위해 설립된 비영리 교육단체다.–옮긴이)' 프로그램에 지원하여 베를린에서 사회적 취약 계층이 거주하는 지역의 학교에서 2년간 교사로 근무했다. 그 후 첫 아이를 낳고 소파에 앉아 수유를 하면서 아이들이 공부를 잘하도록 가르치는 법에 관한 내 지식을 인스타그램에 공유하기 시작했다. 그 결과물이 지금 여러분 손에 들린 바로 이 책이다. 나는 고등학교 교장 선생님의 지혜로운 한마디 덕분에 지금 이 자리에 서게 되었다고 확신한다. 이렇게 우리는 다시 시작점으로 돌아왔다. 여러분의 말은 생각보다 광범위한 곳에 영향을 미칠수 있다. 아이와 그리 많은 시간을 공유하지 않은 사람일지라도 가장 깊은 인상을 남기는 경우가 종종 있다는 것을 마음 깊이 새겨두자.

부모와 교사의
협력

부모와 교사의 협력에는 엄청난 잠재력이 숨어 있다(편의상 아이와 정기적으로 사적인 관계를 맺는 모든 성인을 '부모'라고 가정하였다).

그런데 이 두 '보호자'가 협력은커녕 반목할 때가 너무 많다. 아이에게 가장 큰 해를 가하는 셈이다. 가정에서 부모가 교사 험담을 하는 것만큼 아이의 의욕을 꺾는 것은 없다. 그러면 아이는 그 교사를 더 이상 존경하지 않고 심지어는 그에게서 아무것도 배우려 하지 않는다. 그 결과 가장 큰 피해는 결국 아이의 몫이 된다.

물론 교사 중에는 비판받아야 마땅하고 바보 같다는 말이 절로 나오는 사람도 있다는 것을 누구보다 잘 안다. 그럼에도 불구하고 진심으로 조언한다. 절대 아이 앞에서는 그런 이야기를 꺼내면 안 된다. 차라리 학부모 회의나 학교 운영위원회를 통하거나 해당 교사와 직접 대화하거나 학교 관리자를 통해 의견을 전달하는 편이 훨씬 낫다. 그 어떤 경우에도 아이 앞에서 교사를 깎아내려선 안 된다. 다른 학부모와 대화할 때도 무심결에 아이가 들을 수 있으니 각별히 주의해야 한다.

선순환

부모와 교사가 좋은 관계를 맺고 유지하는 것은 아이에게 큰 도움이 된다. 교사가 아이를 지도하는 것은 물론이고 아이가 학습에 성공하는 데도 유익하게 작용한다. 한마디로 선순환의 고리로서 그 흐름은 악순환과는 정반대로 흘러간다.

이 선순환이 작동하는 방식은 다음과 같다. 칭찬이 인정 욕구를 채운다. 인정받는 기분은 더 많은 의욕을 낳는다. 의욕이 높아지면 성과가 좋아진다. 그럼 다시 칭찬을 받는다. 이 연결 고리가 계속 반복되는 것이 선순환이다.

선순환은 누구에게나 어떤 상황에서도 효력이 있지만 특히 교사에게 탁월한 효과를 발휘한다. 그들은 대부분 눈에 잘 띄지 않는 곳에서 금전적으로 보상받지 못하는 일을 엄청나게 많이 한다. 헌신적인 교사라고 해서 급여가 높거나 학교에서 더 높은 지위를 보장받는 것도 아니다. 오히려 그 반대일 때가 많다. 그들은 자기 주머니를 털어 학급에 투자할 때가 많고, 그것 때문에 동료들로부터 비웃음을 사기도 한다. 오랜 세월 학생들에게 헌신하고 훌륭한 수업을 해온 교사가 적절한 평가를 받지 못하는 경우가 발생하는 것이다. 현재 그 교사가 어떤 위치에 있든 간에 그를 선순환으로 끌어들일 기회가 학부모인 여러분 손에 달려 있다. 여러분의 임무는 단순하다. 그저 구체적으로 감사를 표현하기만 하면 된다. 예를 들면 다음과 같다. "제 딸의 지리 공책을 보고 정말 감동했다는 말씀을 꼭 드리고 싶었어요. 정리가 정말 잘 되어 있더라구요. 공책에 옮겨쓴 것이 이렇게 멋진데 칠판에 써주신 내용은 얼마나 더 훌륭할지 궁금합니다." "아이로부터 선생님께서 수업을 참 재미있게 하신다고 들었어요. 아이가 정말 좋아해요. 유쾌한 수업 감사드립니다." "오늘 채점된 시험지를 보았는데 점수 옆에 결과에 관한 총평을 써주셨더군요. 모든 아이에게 이렇게 하기 쉽지 않으셨을 텐데 감동했습니다." "지난번 수업 시간에 무슨 일이 있었는지는 모르지만 아이가 너무 신나고 기분 좋게 집에 왔어요. 선생님께서 정말 멋진 일을 하신 게 분명해요."

이러한 예시에서 알 수 있듯 여러분이 할 수 있는 칭찬은 매우 다양하다. 혹은 교사의 수업에 어떤 문제가 있을지라도 진심으로 좋은 점을 찾아 칭찬하길 권한다. 인정받는 느낌을 얻은 교사는 다음 수업에서 더 많이 노력할 가능성이 크다. 이를 다시 칭찬하면 긍정적인 순환이 이루어진다. 이런 이유에서 나는 나의 웹사이트www.learnlearningwithcaroline.com에서 작은 칭찬 카드 양식을 무료로 제공하고 있다. 인쇄해서 여러분이 직접 혹은 아이가 카드를 작성할 수 있게끔 했다.

물론 지금 여러분 머릿속에는 칭찬하고 싶은 기분이 전혀 들지 않는 교사의 얼굴이 떠오를 수도 있다. 그래도 한번 시도해볼 가치가 있다고 말해주고 싶다. 그런 교사들도 한때는 아이들을 도와 좋은 영향력을 주겠다는 마음을 품었을 것이다. 안타깝게도 우리 교육 제도의 수많은 허점 때문에 동기가 사라졌을 뿐이다. 우리의 칭찬이 그들의 잃어버린 동기를 다시금 불러일으킬지도 모른다.

아이들의 국어 선생님이 앞서 예로 든 칭찬을 매일 다섯 번씩 듣는다고 상상해보자. 혹은 과학 선생님이 지난번 과학 수업에 세 가지 긍정적인 피드백을 받는다면 어떨까? 필연적으로 긍정적인 영향을 미치게 된다. 자신의 가치를 인정받은 교사는 힘이 나고 의욕이 샘솟아 더 좋은 수업을 하게 된다.

그러므로 나는 다른 학부모들과 함께 적극적으로 교사를 칭찬하는 운동을 시작하길 권한다. 그러면 개인적인 감사 표현이 아첨으로 보일까 걱정할 필요도 없다. 참여하는 부모와 아이가 많을수록 변화의 속도는 더욱 빨라지고 교사는 자신이 맡은 일에 책임감을 가지고 점점 더 잘 해나가게 될 것이다.

결론:
해가 쨍쨍할 때 지붕을 덮자

종합하자면 학부모와 교사의 관계는 굉장히 중요하다. 그런데 그 가치가 과소평가 될 때가 많다. 독일에는 "지붕은 비 올 때가 아니라 해가 쨍쨍할 때 덮어야 한다"라는 속담이 있다. 부모와 교사도 아직 큰 문제가 없을 때, 즉 '해가 비칠 때' 친근하고 존중하는 관계를 맺는 편을 권한다. 또한 가능한 한 많은 '햇살'이 비치도록 노력하는 편이 좋다.

이 친근한 관계는 혹여나 이후 학교생활에서 교사와 어려운 대화를 나누어야 할 때도 오해 없이 소통할 수 있는 바탕이 된다. 이런 바탕이 없으면 갈등은 다툼으로 불거지기 십상이고 그 여파는 고스란히 아이가 감당해야 할 몫이 된다.

그런 의미에서 여러분이 먼저 모범을 보이자. 예의 바르고 다정하고 상대를 존중하는 태도로 교사에게 다가가자. 교사의 노고를 진심으로 그리고 적극적으로 칭찬하자. 그 결과가 여러분 자녀에게 얼마나 긍정적인 영향을 미치는지 확인한다면 놀라지 않을 수 없을 것이다.

감사의
말

나는 둘째 아이를 임신한 중에 이 책을 쓰게 되었다. 엄청나게 부담스러운 도전이었다. 그래서 처음에는 여력이 없다는 이유로 출판 제안을 거절했다. 책을 쓰기로 한 다음에도 중간에 몇 주씩 집필을 중단하고 쉬어야만 했다.

그런 악조건 속에서도 마침내 이 책을 내 손에 쥘 수 있었던 것은 모두 로볼트 출판사의 탁월한 편집자 율리아 포어라트Julia Vorrath 덕분이다. 그는 처음부터 나를 믿어주었고 모든 것을 이해해주었다. 내 건강을 최우선으로 배려하여 마감 기한을 조정해주고 내 작업 방식도 존중해주었다. 그의 너그러움과 격려 덕분에 결국 이 책을 쓸 수 있었다.

또한 내가 할 수 없는 모든 일을 해준 미하엘라 보테Michaela Bothe

에게도 감사하다. 그는 항상 내 뒤를 든든히 지켜주었고 내가 잘못된 판단을 할 때마다 나를 궁지에서 꺼내주었다. 지치지 않고 나를 도와주어서 고마워요!

조산사 시시 라셰Sissi Rasche에게도 감사를 전한다. 의사와 치료사를 넘나드는 그의 인맥과 세심한 도움이 없었더라면 나는 이번 임신을 그리고 이 책을 성공적으로 마무리하지 못했을 것이다.

무엇보다 남편에게도 고맙다. 그가 없었더라면 나는 이미 오래전에 '카롤린과 함께 공부하는 법 배우기'를 접었을지도 모른다. 시작부터 그는 나를 믿어주었고, 게시글에 '좋아요'가 13개밖에 없던 시절에도 내가 포기하지 않도록 지지해주었다. 내가 약할 때 강하게 버텨줘서 고맙습니다. 이 삶의 여정을 당신과 함께 걸을 수 있어서 얼마나 다행인지 몰라요.

마지막으로 인스타그램 계정(@learnlearning.withcaroline)의 모든 팔로워에게 엄청나게 감사드린다. 여러분의 지지가 없었다면 나는 결코 이 일을 해내지 못했다. 여러분의 피드백과 애정 어린 댓글, 기발한 아이디어 그리고 수많은 질문이 내가 하루하루를 더 잘 살아갈 수 있도록 도와주었습니다. 아이들이 창가에 서서 공부할 수 있게 믿고 따라주어서 고마워요. 학교와 공부를 새롭게 바라봐 주어서 진심으로 고마워요!

성장 마인드셋을
자세히 알고 싶다면

이 책 첫 장의 주제는 캐럴 드웨크의 연구다. 그는 성장 마인드셋 혹은 고정 마인드셋의 관점에서 아이들의 학습 태도와 성과에 관한 일련의 연구를 해온 학자다. 그의 초기 연구는 도전과 어려운 과제를 처리하는 방식이 아이마다 다르다는 점을 증명하는 데 초점이 맞춰졌다. 연구 대상인 10세 초등학생들에게 저마다의 수준보다 조금 어려운 과제를 제시했다. 어떤 아이는 놀라우리만치 긍정적으로 반응하면서 도전 과제를 기꺼이 받아들였다. 이런 성향의 아이들은 어려운 과제가 자기 능력을 확장하고 새로운 것을 배우는 데 도움이 된다는 사실을 이미 알고 있었다. 다시 말해 그들에겐 성장 마인드셋이 있었다.

　하지만 이와 반대되는 성향의 아이들은 시험과 그 결과에 부정적으로 반응했다. 그들은 자신의 지적 능력이 시험대에 올랐다고 판단했고 어렵다는 느낌을 곧 실패로 받아들였다. 전형적인 고정 마인드셋의 징후였다.

캐럴 드웨크의 다음 연구는 고정 마인드셋을 지닌 아이가 실패를 어떻게 처리하고 다음 시험 환경에서는 어떻게 행동하는가에 관한 답을 구하는 것이었다. 그는 이전 시험에서 통과하지 못한 아이 중 다수가 공부를 더 열심히 하기보다는 시험을 피하거나 시험에서 부정행위를 한다는 사실을 발견했다.

다른 연구에서는 그런 아이들이 자기가 우월하다는 기분을 느끼기 위해서 자기보다 성적이 나쁜 아이를 비교 대상으로 찾으려 한다는 사실이 밝혀졌다.

그리고 이후 수많은 다른 연구에서도 고정 마인드셋을 가진 아이들은 도전과 어려움을 맞닥뜨렸을 때 회피하려는 경향이 확연하다는 사실이 확인되었다.

또한 과학자들은 학생들이 실수에 직면했을 때 뇌의 전기 활동을 측정했다. 그 결과 고정 마인드셋을 가진 아이들은 뇌 활동이 감지되지 않았다. 그들의 뇌는 실수에 거의 신경을 기울이지 않았다. 반면 성장 마인드셋을 가진 아이들의 뇌에서는 매우 활발한 움직임이 감지되었다. 그들의 뇌는 실수를 처리하고 잘못된 점을 고치고 배우기 위해 숨 가쁘게 내달렸다.

캐럴 드웨크는 고정 마인드셋에서 벗어나는 방법을 찾기 위해 어떻게 하면 학생들의 마인드셋과 그들의 성과를 올바른 방향으로 바꾸어나갈 수 있을지 연구했다. 제일 먼저 그가 집중한 주제는 칭찬이었다. 그리고 여러 연구를 통해 지능이나 재능, 결과에 대한 칭찬이 아니라 노력과 끈기, 집중력, 발전 과정을 칭찬하는 것이 학습을 향한 학생들의 태도를 바꾸고 고난에 따른 저항력을 향상시킨다는 사실을 증명했다.

캐럴 드웨크의 이러한 발견은 여러 다른 연구에 적용되었고 그것을 바탕으로 온라인 수학 게임이 개발되기도 했다. 정답을 맞추었을 때 보상을 주는 대신, 아이들이 발전하고 노력하거나 전략을 사용했을 때 보상을 제시하는 게임이었다. 그 결과 아이들은 더 많이 노력했고 더 많은 전략을 개발했으며 평균적으로 더 오랜 시간 문제를 푸는 데 집중했다. 또한 매우 어려운 문제 앞에서 더 큰 인내심을 보였다. 실제로 이러한 방식으로 학생들의 마인드셋을 바꿀 수 있었으며, 성장 마인드셋으로 전환한 학생들은 전반적으로 더 나은 성과를 거두었다.

캐럴 드웨크와 그의 연구팀은 한 연구를 통해 다음과 같은 사실도 입증했다. 아이들이 노력하고, 안전지대를 벗어나 새롭고 어려운 것을 배우려고 할 때 뇌에서는 새로운 뉴런이 강력하게 연결되었다. 그래서 성장 마인드셋 훈련을 받은 아이들은 처음엔 성적이 낮아도 시간이 지날수록 성과가 크게 향상되는 경험을 했다. 반면 그런 훈련을 받지 않은 통제 집단 아이들은 시간이 갈수록 성적이 나빠졌다.

마인드셋에 관해 참고하면 좋을 문헌

Blackwell, L. S., Trzesniewski, K. H., & Dweck, C. S.: Implicit Theories of Intelligence Predict Achievement across an Adolescent Transition: A Longitudinal Study and an Intervention. Child Development, 78, S. 246–263 (2007)

Cimpian, A., Arce, H. M. C., Markman, E. M., & Dweck, C. S.: Subtle linguistic cues affect children's motivation. Psychological Science, 18, S. 314–316 (2007)

Gunderson et al.: Parent Praise to 1- to 3-Year-Olds Predicts Children's Motivational Frameworks 5 Years Later. Child Development, 84, S. 1526–1541 (2013)

Hong, Y., Chiu, C., Dweck, C. S., Lin, D. M. S., & Wan, W.: Implicit Theories, Attributions, and Coping: A Meaning System Approach. Journal of Personality and Social Psychology, 77 (3), S. 588–599 (1999)

Kamins, M. L., & Dweck, C. S.: Person versus process praise and criticism: Implications for contingent self-worth and coping. Developmental Psychology, 35 (3), S. 835–884 (1999)

Mueller, C. M., Dweck, C. S.: Praise for intelligence can undermine children's motivation and performance. Journal of Personality and Social Psychology, 75 (1), S. 33–52 (1998)

Moser, J. S., Schroder, H. S., Heeter, C., Moran, T. P., Lee, Y. H.: Mind your errors: Evidence for a neural mechanism linking growth mind-set to adaptive posterror adjustments. Psychological Science, 22(12), S. 1484–1489 (2011)

Nussbaum, A. D., Dweck, C. S.: Defensiveness Versus Remediation: Self-Theories and Modes of Self-Esteem Maintenance. Personality and Social Psychology Bulletin, 31, S. 232–242 (2008)

O'Rourke, E., Haimovitz, K., Ballweber, C., Dweck, C. S. & Popovic, Z.: Brain Points: A Growth Mindset Incentive Structure Boosts Persistence in an Educational Game. In Proceedings of the SIGCHI Conference on Human Factors in Computing Systems (2014), abrufbar auf academia.edu

아이 공부, 공부 정서부터 키워라

아이의 숨겨진 가능성을 일깨워 주는 멘털 관리법과 공부 처방전

초판 1쇄 발행 2025년 2월 20일

지은이 카롤린 폰 장크트앙게
옮긴이 이지윤

발행인 정동훈
편집인 여영아
편집국장 최유성
책임편집 김지용
편집 양정희 김혜정 조은별
디자인 스튜디오 글리

발행처 (주)학산문화사
등록 1995년 7월 1일
등록번호 제3-632호
주소 서울특별시 동작구 상도로 282
전화 편집부 02-828-8833 마케팅 02-828-8832
인스타그램 @allez_pub

ISBN 979-11-411-5859-0 (03590)

값은 뒤표지에 있습니다.
알레는 (주)학산문화사의 단행본 임프린트 브랜드입니다.

알레는 독자 여러분의 소중한 아이디어와 원고를 기다리고 있습니다. 도서 출간을 원하실 경우
allez@haksanpub.co.kr로 간단한 개요와 취지, 연락처 등을 보내주세요.